新訂版

北陸の野菜づくり

やさしいつくり方で
失敗しない家庭菜園

東 保之 著

はじめに

良い野菜の条件をあげるとすれば、「食べ物として安全であり、もっているべき栄養が豊かであること」といえます。この点からみると、現在消費されているものの大半が「野菜もどき」であると思います。

自分の食べたい野菜を選び、種をまき、育て、収穫するものが危険で栄養失調であっていいはずがありません。野菜作りは難しいといわれますが、私からいえば「本物の野菜作り」はやさしいが「野菜もどき作り」が難しいのです。たとえば、トマト、キュウリを季節外れの寒い時に栽培するのは難しいし、サツマイモを湿気の多い土で栽培したり、サトイモを乾燥しやすい土で栽培することも難しい。転作と称して田でカボチャを栽培することも難しい。仮に、収穫に結びついたとしてもそれが安全で栄養豊かであるかというと、「?」と言わざるをえません。

野菜作りのポイントは、その野菜の性質や特徴を理解した上で、その土地の気候・風土に合った栽培をすればよいということです。それには「生物暦（せいぶつごよみ）」を参考にします。例えば、春のジャガイモの植え付けは、その土地の桜の開花時期が最適です。またフジの開花時期は夏野菜の植え付け適期です。同じ地域でも、里と山手とでは当然時期は異なります。また、栽植密度が高い（株間や畝幅が狭い）と野菜は育ちにくくなりがちです。言い換えれば「育てる」というより、野菜の「育つ」生命力に手を貸すという心構えが大切であるということです。

このようなことから、これまでこの地域に合った栽培の方法を取り上げた本が少なかったために、野菜作りを難しく感じられたと思います。

この本は私の家やその近所の菜園、石川県立翠星高校（旧松任農業高校）での野菜圃場（ほじょう）を中心に、自分が手がけてきた考え方や知識に、石川県内のJA等で講座を持った体験等を加えて書いたものです。今回の新訂版では肥料の種類をしぼるとともに、農薬も現状に合ったものにし、大幅に初心者が栽培しやすい内容としました。私のつたない考え方や知識が、この地で野菜作りをしている人達やこれから始めようとしている人達に、少しでもお役にたてば幸いです。

新訂版でも、肥料等で全農いしかわ、農薬で日栄商事（株）農事部環境技術普及室、品種で（社）日本種苗協会石川県支部のご協力をいただきました。お礼申し上げます。

２０１９年3月

東　保之

北陸の野菜づくり 目次

夏野菜 9

秋野菜 65

ハーブと加賀野菜 93

野菜づくりの手引き 101

本書を読むにあたって

本書は家庭菜園や自家農園で野菜を栽培される方を対象に、北陸の気候風土に適した栽培法を説明しました。

作業時期

本文中、カッコ内の作業時期は北陸の平野部の目安です。山間部では８月中旬までは５日程遅め、それ以降は５日程早めに作業するように考えるとよいでしょう。

肥料

本書ではＪＡで手に入るものを使ってできる基本的な組み合わせを紹介しています。これらの肥料は適度に有機質肥料を含み、野菜の種類や使用目的別に明示してあるので使いやすいと思います。しかし肥料の種類はたくさんあるので、袋に記載されている窒素（Ｎ＝葉や茎を育てる）、燐酸（Ｐ＝花や果実、根を育てる）、加里（Ｋ＝根の張りを良くする）の成分パーセントが似たものであれば、ホームセンターや種苗店で市販されている複合化成肥料などを使ってもよいと思います。

使用時期と目的によって下の表のようにまとめました。

〔本書で利用する肥料一覧〕

時期	目的	肥料名	N	P	K	その他	備考
定植あるいは播種の10日前	土壌改良	みのり堆肥V.S.	0.6	0.5	0.3		完熟堆肥の一つ（全面散布） 1平方m当たり1kgが基本
		苦土（くど）石灰				Ca Mg	肥料との同時使用は 害が発生しやすい
定植あるいは播種の7日前	基肥	ＢＢ果菜専用	6	6	7	Mn B	有機含量81％
		ＢＢ根菜専用	10	10	10	Mn B	有機含量24％
		ＢＢ葉菜専用	14	12	10		有機含量9％
		ＢＢいも・豆専用	5	10	12	Mg Mn B	有機含量50％
生育中	追肥	すぐ効く追肥専用	15	15	10		
		くみあい液肥10号	10	5	8		500倍での使用が基本

施肥については**施し過ぎが失敗の原因**になることが多いので、適正量を守ってください。油粕（Ｎ・Ｐ・Ｋ＝５・２・１）や米糠等の有機質肥料は分解して吸収されるまで日数が多くかかり、ナメクジや害虫の害が発生しやすくなるので、その対策が必要となります。

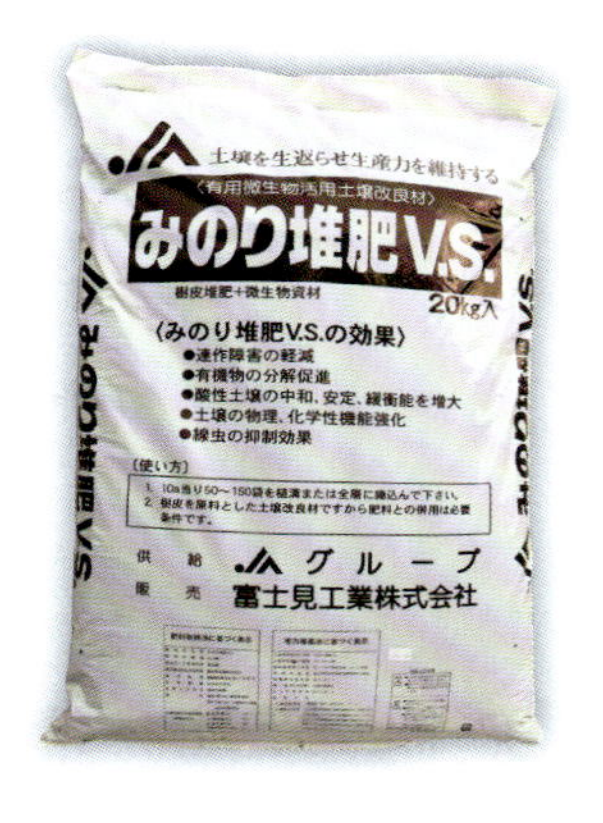

1 みのり堆肥VS

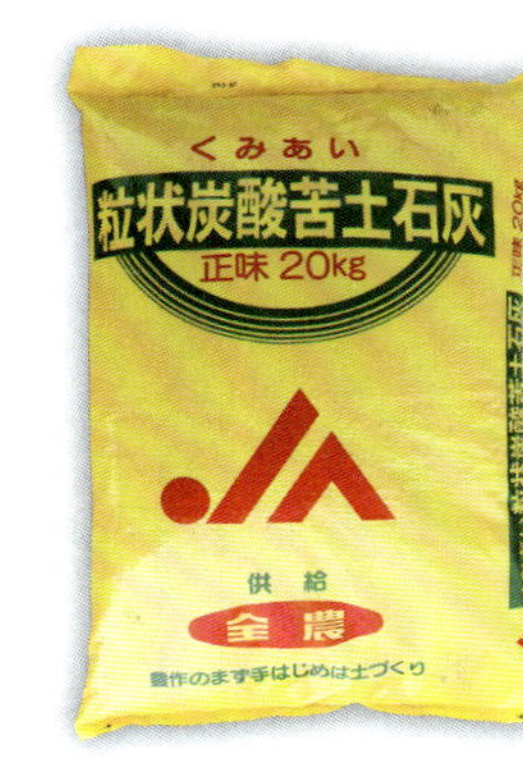

2 苦土石灰

3 果菜専用肥料

4 根菜専用肥料

5 葉菜専用肥料

6 いも・豆専用肥料

7 すぐ効く追肥専用肥料

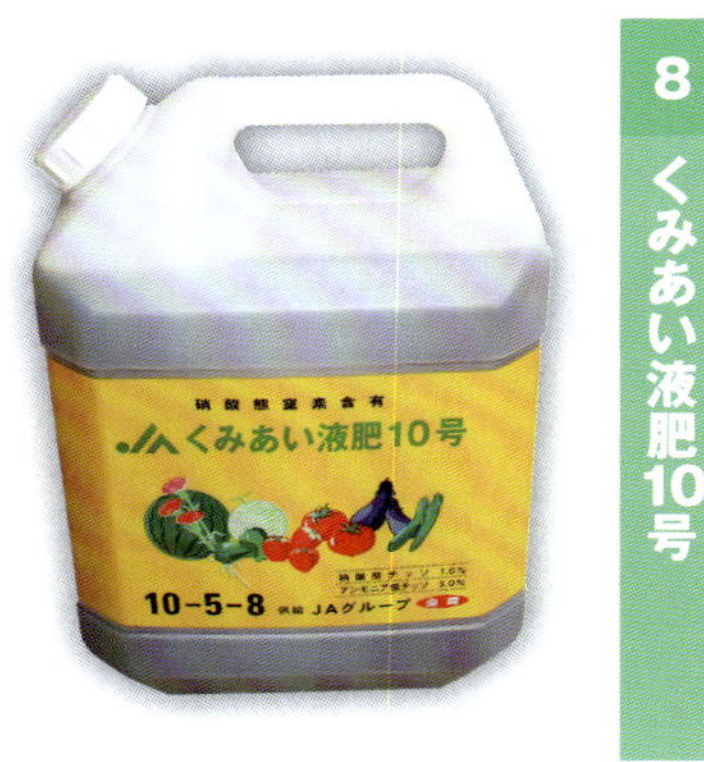

8 くみあい液肥10号

1平方mのめやす

1m × 1m

50cm × 2m

30cm × 3.3m

用語解説

- **は　種**（種まき）
- **覆　土**（土をかぶせること）
- **鎮　圧**（土をおさえること）
- **定　植**（苗を畑に本式に植えること。植え付け）
- **発　根**（根が出ること）
- **かん水**（水を野菜に与えること）
- **誘　引**（茎を支柱に結びつけること）
- **花　房**（トマトのように花がいくつもついているもの）
- **側　枝**（中心の茎から側方へ出る枝、わき芽）
- **整　枝**（むだな枝を取り除くこと）
- **摘　果**（果実がなりすぎるとき、良質のものを得るために、不必要なものを取り除くこと）
- **摘　心**（植物の生長点といわれる先端部分を摘み取ること）
- **追　肥**（追い肥、種まきや定植した後、生育途中で施す肥料）
- **中　耕**（農作物の生育中にその周囲の表土を浅く耕すこと）
- **節**（茎の枝の付け根）

家庭菜園 5つの心得

1 手抜きは禁物

種をまくか苗を植えれば収穫できると考えるのは安易すぎます。家庭菜園では、事前の準備と後の世話なしでは、収穫に結びつくのは難しいのです。手抜きの放任栽培では、雑草や病害虫に勝てません。

2 「ぎっしりいろいろ」は失敗のもと

いろいろな種類の野菜を育てたいからと、数多くの野菜を狭い畑で同じように育てても、うまく育ちません。野菜にはそれぞれ違う性質があるからです。これは同じ家の中でも、幼児、子供、青年、成人、老人では食の内容と量が違うのに似ています。同じ畑でトマト、ナス、キュウリを一緒に栽培すると、大抵はトマトに肥料過多症状が出ます。

3 向いていない土地、時期だと…

野菜はいつでも、どこでも、何でも栽培できるものではありません。野菜にはそれぞれの性質があり、その性質を生かすことを心掛けるべきで、「適地適作」「適期適作」の原則を無視すると、野菜栽培はたちまち難しくなります。人間本位の育て方ではなく、「野菜本位の育て方」をしましょう。

4 肥料は腹八分に

肥料をどっさり与えれば野菜はよく育つ、という考えは、うまいものをたくさん食べていれば人はよく育つ、という考え方に似て危険です。肥料過多は病害虫発生の大きな誘因です。「腹八分は食生活の基本、肥満は万病のもと」は、野菜にも当てはまります。

5 農薬は正しく使う

万能の農薬はありません。「薬は全て毒である」ということを頭において、農薬を使いましょう。使う場合は、しっかり調べてから正しい使い方をしなければなりません。ジョウロで農薬を散布するなどは、とんでもないことです。

1、春から夏の野菜

キュウリ、トウモロコシ、カボチャ、ズッキーニ、エダマメ、インゲン、スイカ、露地メロン、ジャガイモ、シソ（ニンジン、パセリ、コマツナ、ツマミナ、キャベツ、ダイコン、レタス、ブロッコリー、カリフラワー、ハツカダイコン、ホウレンソウ、シュンギク、サラダナ、コカブ）

（　）内は品種選択や保温の工夫をすれば栽培できるもの。

2、春から夏越しの野菜

トマト、ミニトマト、ナス、ピーマン、オクラ、ゴーヤ、サツマイモ、サトイモ、ゴボウ、ニラ、ネギ、金時草、ハーブ（セージ、チャイブ、バジル、ミント類）

太陽の味。家庭菜園の人気者。ただ、病気は多いほう

トマト 畑

ポイント
- 強光を好み生育適温25～28℃の好温性野菜
- 多湿に弱い
- 若苗を定植しない
- 基肥を少なくする
- 連作をしない
- 追肥は着果後に

作業の目安時期

定植準備	苗選び	定植	支柱立・誘引	側枝とり・整枝
4月25日▶30日	4月25日▶30日	5月5日▶10日	5月10日▶15日	5月20日▶

ホルモン処理	着果・摘果	肥大・着色	摘心	収穫
5月25日▶	5月31日▶	6月10日▶	7月1日▶5日	6月30日▶9月10日

1

石灰散布（4/25～30）

ナス科の野菜（ナス、トマト、ピーマン、ジャガイモなど）を過去5年以上作ったことのない畑を選びます。定植10日程前に苦土石灰を1平方m当たり150g程施し耕します。

2

堆肥を入れる

定植10日程前に畝の中央を掘り、溝の長さ1m当たりみのり堆肥VSを1kg程入れます。

3

苗選び（4/25～30）

葉数8～10枚、草丈30cm程で第一花房の花が咲き始めのもので、全体的に若々しく無病のものを選びます。品種は**「瑞栄」**がつくりやすく、**「桃太郎」**は良品質です。

4

畝作り（5/1～5）

定植7日程前に基肥として「果菜専用」を1平方m当たり50g程散布し、幅1m高さ18cm程の畝を作ります。マルチングをすると栽培しやすくなります。準備はいっときに行うとあとの結果がよくありません。

5

北陸では過湿や泥はねによる病気の発生が問題です。定植前に**「雨よけハウス」**を作っておくと、鳥害や病害虫を防ぐうえで効果大です。アーチ型の金属製パイプで骨組みを作り上部にビニールをかけ、側面は防風ネットで覆います。水平に補強材を配しますが、金属製バインダーで固定するとしっかりします。

6

定植（5/5～10）

地温が14度を超えないと根が伸びないので地温を確認します。花房を通路側にむけて植えます。植え穴にオルトラン粒剤を1g程施すと害虫防除に効果があります。

7

定植は深植え禁止。接ぎ木のものは**接ぎ木部分を土の上に**出します。仮支柱をたて、防風・保温対策として**トンネル**かポリ袋を使った**あんどん**をつくります。

8

支柱立・誘引（5／10〜15）

収穫時期には草丈が2m程、重量が10kg程になるので強風に耐えられるように作ります。園芸用支柱（2m程）を利用し、しっかりした組み立てを心がけます。

9

茎を支柱にくくりひもなどで**8の字**にし、トマトが大きくなってもずり落ちないようにある程強く結びつけます。この時花房が通路側に向くように矯正します。

10

側枝とり・整枝（5／20〜）

葉のつけねから出るわき芽はできるだけ小さいうちに取り除きます。晴天の午前中に行います。

11

ホルモン処理（5／25〜）

トマトトーン100倍液をスプレーで1花房が2〜3花開いたときに着果、肥大促進を期待して散布します。晴天の午前9時過ぎが効果が高いです。

12

敷きわらを梅雨の間は薄く、夏は厚くすることにより、泥よけ、地温上昇の防止、水分保持の効果があります。第一花房の果実が親指大になったら「すぐ効く追肥専用」を1平方m当たり15g程与えます。以降、草勢が一定になるように15日間隔で4回程、施します。地面に近い葉はなるべく取り除き、風通しを良くし泥はねによる病気を防ぎます。

13

摘果（5／31〜）

1花房当たり4〜5個にそろえます。取り除くものは奇形果です。果実の小さいうちに行うようにします。

14

病害虫防除（5／31〜）

入梅前から、マラソン乳剤を2000倍、ダコニール1000を1000倍でいっしょに散布します。その後、薬剤を変え、ほぼ10日毎に定期的に散布します。

病害虫対策と注意点

青枯れ病は根から来る病気で、多湿な所で連作すると発生しやすく、株が急激にしおれ枯死します。見つけ次第株ごと抜いて焼却します。

縮葉が現れる**ウイルス病**。いったん出たら防除法はなく、発病株は早めに焼却します。病原体を媒介するアブラムシの駆除が予防につながります。アブラムシの防除には白マルチ、オルトラン粒剤などが効果があります。アブラムシを見つけたら手で取り除く、晴天の日の午前中に牛乳をスプレーするなどで対処し、それでもだめなら、アルバリン顆粒水溶剤などの殺虫剤を散布します。

夏に発生しやすい**尻腐れ病**は、肥料過多、土の乾燥と高温により石灰が欠乏して発病します。開花時に極端な乾燥、過湿にならないよう注意します。発病したときは花房近くの2～3枚の葉にカルシウム剤（ファイトカル等）を葉面に散布します。

落花し、着果しないのは窒素肥料の施しすぎが主な原因です。

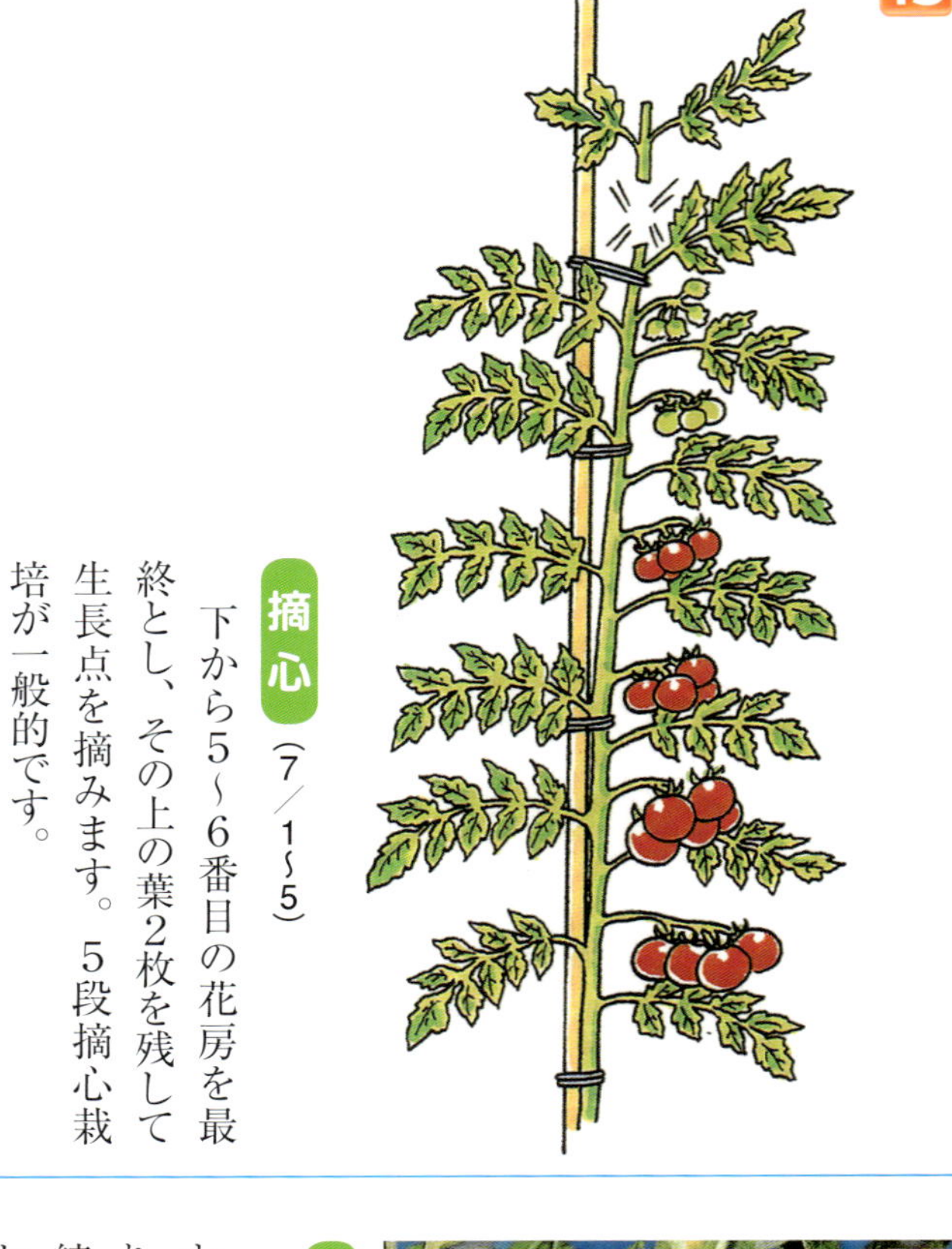

摘心（7／1～5）

下から5～6番目の花房を最終とし、その上の葉2枚を残して生長点を摘みます。5段摘心栽培が一般的です。

肥大、着色（6／10～）

着果後60日程で色づき始めます。**収穫**は6月30日頃から始まり、上手に育てれば初霜の頃まで続けられます。完熟直前が最もおいしく、朝、果実が冷たいうちに収穫すると品質、日持ちが良いといえます。

栽培終了

雨よけポリをはずします。写真のようにかなり頑丈な鉄製のパイプをつなぎ合わせてあります。雨よけハウスはキュウリの場合も効果が大きいです。

玄関先に実る真っ赤なアイドル

トマト 鉢

ポイント
- 強光を好み生育適温25～28℃の好温性野菜
- 排水性、保水性ともにある用土作り
- 容器は深くて大きいものを選ぶ
- 追肥は着果後こまめに

作業の目安時期

用土作り	苗選び	定植	支柱立・誘引	側枝とり・整枝
4月25日～30日	4月25日～30日	5月5日～10日	5月10日～15日	5月20日～

摘心	着果・摘果	肥大・着色	収穫
7月1日～5日	5月30日～	6月10日～	6月30日～

1

定植準備 （4／25～30）

定植20日程前に、鉢土用土を湿らせておきます。苗選び（4／25～30）は葉数8～10枚、草丈30cm程で第一花房の花が咲き始めのもので、全体的に若々しく無病のものを選びます。

2

定植 （5／5～10）

地温が14度を超えないと根が伸びないので地温を確認します。深植えは禁物です。容器は深くて大きいものがよいと思います。30cmの駄温鉢（硬めの素焼き鉢）で1株植えです。

3

支柱を立て、苗が倒れないように**誘引**します。茎を支柱にくくりひもなどで8の字にし、トマトが大きくなってもずり落ちないようにある程度強く結びつけます。

4

5月20日ごろから**側枝とり**。晴天の午前中、小さいうちに取り除きます。容積の限られる鉢植えでは**摘果**（5／30～）が重要です。1花房当たり3～4個にそろうように、奇形果を小さいうちに取り除きます。摘心は3番目の花房を最終とし、その上2葉を残して成長点を摘みます。

5

ホルモン処理 （5／25～）

1花房2～3花開いたときに確実な着果と肥大促進を期待して、トマトトーン100倍液をスプレーで散布します。晴天の午前9時過ぎが効果が高いです。

6

肥大、着色 （6／10～）

着果後60日程で色づきます。収穫は6月30日頃から始まり、1鉢当たり12個程が限度です。

かわいい姿は子供にも人気

ミニトマト 畑

ポイント

- 強光を好み、生育適温25～28℃の好温性野菜
- 多湿に弱い
- 連作障害がでる
- 窒素過多・若苗定植をさける
- 追肥は着果後
- 大玉トマトに比べ葉が小さく生育が早い

作業の目安時期

定植準備	苗選び	定植	支柱立・誘引	側枝とり・整枝
4月25日～30日	4月25日～30日	5月5日～10日	5月10日～15日	5月20日～

摘心	着果・摘果	肥大・着色	収穫
7月1日～5日	5月30日～	6月10日～	6月30日～

1 定植準備（4／25～30）

定植10日程前に、苦土石灰を1平方m当たり150g程施し耕します。次に畝の中央を掘り、みのり堆肥VSを溝の長さ1m当たり1kg程入れます。連作を嫌うのでナス科の野菜（ナス、トマト、ピーマン、ジャガイモなど）を過去5年以上作ったことのない畑を選びます。定植7日程前、基肥に「果菜専用」を1平方m当たり50g程散布し高さ20cm程の畝を作ります。畝にマルチングすると栽培しやすくなります。以上のことをいっときにすると後々、結果がよくありません。

2 苗選び（4／25～30）

葉数8～10枚、草丈30cm程で第一花房の花が咲き始めのもので、全体的に若々しく無病のものを選びます。

3 定植（5／5～10）

地温が14度を超えないと根が伸びないので地温を確認し定植します。深植えは禁止。花房を通路側にむけて植えると管理しやすくなります。仮支柱をたて、防風・保温対策としてトンネルか、写真のようなポリ袋を使ったあんどんをつくります。

4 支柱立・誘引（5／10～15）

収穫時期には草丈が2m程、重量が10kg程になることを予想して、2m程の園芸用支柱を利用し、しっかりと組み立てます。ひもで茎を支柱に8の字にくくり、大きくなってもずり落ちないようある程度強く結びつけます。

5 側枝とり・整枝

側枝は晴天の午前中に小さいうちに取り除きます（5／20～）。第一花房に実がついた頃3～4花房の上の2葉を残して成長点を摘みます（**摘心**・7／1～5）。上の方の側枝は2本のばし、1側枝2果房つけ、あとの側枝は摘心し、1株に7～8花房をつけます。

6 ホルモン処理、収穫

1花房5～6花開いたときに着果、肥大促進を期待してトマトトーン100倍液をスプレーで散布します。着果後50日程で色づきます。完熟直前が最もおいしく、朝、果実が冷たいうちに収穫すると品質がよく、日持ちします。

宝石のような果実　観賞用にもいかが

ミニトマト 鉢

- 強光を好み、生育適温25〜28℃の好温性野菜
- 保水性、排水性ともに良い用土を作る
- 窒素過多にならないように
- 若苗定植をしない
- 容器は深くて大きいものを選ぶ
- 大玉に比べ葉が小さく生育が早い

作業の目安時期

定植準備	苗選び	定植	支柱立・誘引	側枝とり・整枝	肥大・着色	収穫
4月25日→30日	4月25日→30日	5月5日→10日	5月10日→15日	5月20日→	6月10日→	6月30日→

1

定植準備（4／25〜30）

定植の10日程前に、用土を調合し湿らせておきます。苗選びは葉数8〜10枚、草丈30cm程で第一花房の花が咲き始めたもので、全体的に若々しく無病のものを選びます。

2

定植（5／5〜10）

地温が14度を超えていることを確認して定植します。深植えは禁止です。支柱を立て、ひもで茎を支柱に8の字にくくり、大きくなってもずり落ちないようある程度強く結びつけます。

3

側枝とり・整枝（5／20〜）

側枝はできるだけ小さいうちに取り除きます。晴天の午前中に行います。**摘心**は下から4番目くらいを最終花房とし、その上2葉を残して生長点を摘むのが一般的です。

4

摘心とは生長の芯を取ってしまうことです。果実を大きくさせるには制限のある鉢植えでは早めに摘心することが大事です。

5

ホルモン処理、収穫

1花房5〜6花開いたときに着果、肥大促進を期待して、トマトトーン100倍液をスプレーで散布します（5／25〜）。晴天の午前9時過ぎが効果が高いです。着果後50日程で色づきます。**収穫**は6／30〜。

煮てよし炒めてよし漬物にも。黒光りする便利なヤツ

ナス 畑

ポイント
- 高温・強光を好む
- 有機質に富み保肥力が強く、排水の良い土を好む
- 活着と初期生育を促し、肥切れしないようにする
- 整枝、摘葉を励行し、通風、採光に努める
- 追肥、かん水をこまめに行う

作業の目安時期

作業	時期
定植準備	4月25日～30日
苗選び	4月25日～30日
定植	5月5日～10日
支柱立・誘引	5月10日～15日
整枝	5月20日～
追肥・収穫	6月20日～
敷きわら・かん水	7月10日～
更新せん定・整枝	7月20日～31日

1

定植準備（4/25～30）

定植10日程前に苦土(くど)石灰を1平方m当たり130g程施し耕します。次に畝の中央を掘り、みのり堆肥VSを1平方m当たり2kg程入れます。連作を嫌うのでナス科の野菜（ナス、トマト、ピーマン、ジャガイモなど）を過去5年以上作ったことのない畑を選びます。

定植7日程前、基肥に「果菜専用」を1平方m当たり200g程散布し高さ20cm、幅120～150cm程の畝を作ります。マルチングすると栽培しやすくなります。

苗選び（4/25～30）

葉数7～8枚程で第一花がつぼみのとき、全体的に若々しく無病のもので茎が太く、節間が短く、葉色の濃いガッチリした苗を選びます。写真右がよい苗。左はよくない苗です。**「千両二号」**が作りやすく、**「加賀へた紫」**はぬか漬け用に向きます。

4

定植（5/5～10）

地温が14度を超えないと発根しないので地温を確認し植え急がないようにします。「ナスは人が植えてから」という言葉もあるくらいです。

5

株間は50～60cm程で深植え禁止。オルトラン粒剤を1g程株周りにまいておくと、害虫の被害を少なくすることができます。

仮支柱をたて防風・保温対策としてトンネルかポリ袋を使ったあんどんをつくります。

支柱立・誘引（5／10～15）

収穫時期には草丈が1・5m程になります。強風に耐えられるよう園芸用支柱（1・5m程）を利用し、しっかりとした組み立てをします。

茎を支柱にくくりひもなどで8の字にし、ずり落ちないようにある程度強く結びつけます。

整枝（5／20～）

第一番花が咲き始める頃、一番花の下の葉腋（ようえき）から発生する側枝2本と主枝の計3本を残し他は全部つみとります（3本仕立）。この時、接木の芽が出ていれば除去します。写真は3本に仕立てる前の状態です。

3本仕立にした後の写真です。作業は晴天の午前中に行います。3本の枝はさらに分かれて、それぞれ本葉2、3枚おきに花がつき、着果します。

3本仕立の図説。簡略に言えば1番花の下2本の側枝のみを残し、それより下の側枝は除去するということです。

ホルモン処理（5／10～）

着果、肥大促進を期待して、トマトトーン50倍液をスプレーで花が開いたときに散布します。晴天の午前9時過ぎ頃が効果が高いでしょう。

追肥は収穫を始めてから20日目頃に1回、その後15日間隔で「すぐ効く追肥専用」を1平方m当たり40g程、株間またはうね肩部に施します。

収穫（6／20～）

朝、果実が冷たいうちに収穫すると品質、日持ちとも良いです。漬けナス、煮ナス、焼きナスと用途によって、大きさを違えてとります。

敷きわら、かん水（7／10～）

敷きわらは泥のはね上がりを防ぎ、土壌湿度を保ち、夏季の高温乾燥を防ぐ効果がありますが、早い時期（梅雨前）の敷きわらは地温を上げないので勧められません。7月下旬以降、乾燥で、果実の色あせ、果皮の硬化、収量の低下が目立ってきます。土の乾燥が進まないうちに、夕方たっぷりかん水（水を注ぐ）します。

更新せん定、切り戻し（7／20～31）

生育中の枝を先端から3分の1～2分の1切り戻し、そこから発生する若い枝で8月下旬以降、良質の実を収穫する方法です。切り戻しは思い切って行い、その時、「すぐ効く追肥専用」を1平方m当たり40g程追肥したうえで乾燥しないようにします。

切り戻し後20日目頃から**再び収穫**が始まります。これは切り戻したナスの9月上旬の様子。よい実が多く着果しています。

こちらは切り戻ししなかったものです。枝が細長く着果が少ないことがわかります。

病害虫対策と注意点

高温・乾燥期には**ハダニ、アブラムシ**が発生しやすく、発生すると葉の黄化の原因となります。

長雨の時は**疫病**が発生します。症状は果実や茎葉に灰色綿状のカビが発生し水溶状の暗緑色はん点を生じます。

青枯れ病はいったん発生すると焼却するしかありません。連作を避け、抵抗性台木に接ぎ木した苗を使用するなどして防ぎます。

梅雨入りの頃ダコニール1000を1000倍とアルバリン水溶剤2000倍を混ぜたものを散布し、病害虫の発生を予防します。

ハダニの防除にはコロマイト乳剤1500倍やスターマイトフロアブル2000倍を使います。

病害虫は高温期になると発生するので、**5月下旬から予防剤を中心にほぼ10日ごとに種類を変えて散布**します。発生したら治療剤を中心に切りかえます。（121ページ参照）

鉢栽培はバランスが微妙。整枝はこまめに

ナス 鉢

ポイント
- 高温・強光を好む
- 有機質に富み、保肥力が強く、排水の良い土づくり
- 肥切れしないよう追肥とかん水をこまめに行う
- 整枝、摘葉を励行し、通風、採光に努める

作業の目安時期

用土作り	苗選び	定植	支柱立・誘引	整枝
4月25日～30日	4月25日～30日	5月5日～10日	5月10日～15日	5月20日～

追肥・収穫	水苔しき・かん水	更新せん定・整枝
6月20日～	7月10日～	7月20日～31日

1

定植準備（4/25～30）

定植10日程前、鉢土用土10ℓ当たりに「果菜専用」15g程を入れ調合し、液肥500倍でかん水し、ポリエチレンなどで覆いなじませておきます。苗選びのポイントはナス（畑）と同じです。

2

定植（5/5～10）

地温を確認し植え急ぎません。直径30㎝程の鉢には1株、大きめのプランターの場合は2株植えます。仮支柱をたて防風対策としてポリ袋等を使ってあんどんをつくります。オルトラン粒剤を1g程株周りにまいておくと害虫の被害を少なくすることができます。

3

支柱立・誘引（5/10～15）

園芸用支柱（1.5m程）を利用し、茎を支柱にくくりひもなどで8の字にし、ある程度強く結びつけます。

整枝（5/20～）

一番花が咲き始める頃、一番花直下の葉の脇から発生する枝（側枝）と、もう一つ下の側枝、そして主枝の計3本を残し他は全部つみとります。晴天の午前中行います。

4

ホルモン処理（5/10～）

着果、肥大促進を期待して、トマトトーン50倍液をスプレーで花が開いたときに散布します。晴天の午前9時過ぎ頃が効果が高いでしょう。**収穫**（6/20～）は朝、果実が冷たいうちに収穫すると品質、日持ちとも良いです。大きくすると草勢が衰えるので、早めに収穫するほうが良いでしょう。

5

追肥は収穫を始めてから20日目頃に1回、その後15日間隔で1株当たり「すぐ効く追肥専用」を1g程施します。草勢が衰えた場合は液肥500倍をかん水がわりに与えます。

6

水苔しき、かん水（7/10～）

古タオルや水苔を敷くことで、降雨による泥のはね上がりと夏の高温乾燥を防ぎます。7月下旬以降の乾燥で果皮の硬化、収量の低下が目立ってくるので、土の乾燥が進まないうちに、夕方たっぷりかん水します。乾燥が激しい場合は朝夕ともかん水します。

更新せん定、切り戻し（7/20～31）

生育中の枝を先端から3分の1～2分の1切り戻し、その後発生する枝を育てます。その時1株当たり「すぐ効く追肥専用」を2g程施すと、20日目頃から**再び収穫**が始まります。

料理の引き立て役。育てやすいが冷夏に弱い

ピーマン 畑

ポイント
- 高温・強光を好む
- 有機質に富み保肥力が強く、保水性の良い土づくり
- 湛水（たんすい）（水がたまること）に弱いので、高畝にする
- 地温上昇は青枯れ病を誘発する
- 追肥をこまめに行う

作業の目安時期

定植準備	苗選び	定植	支柱立・誘引	整枝	収穫	敷きわら・かん水
4月25日～30日	4月25日～30日	5月5日～10日	5月10日～15日	5月20日～	6月20日～	7月10日～

1

定植準備（4／25～30）

連作を嫌うのでナス科の野菜（ナス、トマト、ジャガイモ、シシトウ等）を過去5年以上作ったことのない畑を選びます。定植10日程前に苦土石灰を1平方m当たり130g程施し、耕します。

2

次に畝の中央となる所を溝状に掘り、長さ1m当たりみのり堆肥VSを2kg程入れます。7日程前に基肥として1平方m当たり「果菜専用」180g程を散布し高さ20cm、幅120～150cm程の畝を作ります。その後、マルチングをすると栽培しやすくなります。

3

苗選び（4／25～30）

葉数7～8枚程で、全体的に若々しく無病のもので茎が太く、節間が短く、葉色の濃いガッチリした苗を選びます。品種は**「京みどり」**が良いでしょう。

4

定植（5／5～10）

地温が14度を超えないと発根しないので地温を確認し植え急ぎがないようにします。地温を上昇させるにはマルチが効果的です。株間は50～60cmで深植え禁止。仮支柱をたて防風対策、保温対策としてトンネルかポリ袋を使ったあんどんをつくるとよいでしょう。オルトラン粒剤を1g程株周りにまいておくと害虫の被害が少なくなります。

5

支柱立・誘引（5／10～15）

収穫時期の草丈は1.5m程。強風に耐えられることを予想して作ります。園芸用支柱（1.5m程）を利用し、しっかりとした組み立てをします。茎を支柱にくくりひもなどで8の字にし、ずり落ちないようにある程度強く結びつけます。

6

整枝（5／20～）

一番花が咲き始める頃、一番花のすぐ下の葉の脇から発生する枝（側枝）とその一つ下の側枝、そして主枝の3本を残し他は全部摘みとります。晴天の午前中に行います。摘みとった葉は佃煮として利用できます。

7

追肥

5月下旬頃に1回、その後20～25日間隔で1平方m当たり「すぐ効く追肥専用」を25g程株間またはうね肩部に施します。これ以降は草勢を一定させるよう、量を加減します。肥料は一番外側の葉の下あたりか、さらに外側に施すと根の成長を促します。

8

ピーマンの花は晴天で高温が続くと、次々と結実します。一番花の上から出る枝は自然に伸ばし、整枝はしません。

9

収穫（6／20～）

収穫は6月下旬から10月中旬まで続きます。収穫が遅れると果実が大きくなりすぎ、皮がかたく、色が悪くなるので、開花後20日程で収穫します。

10

敷きわら、かん水（7／10～）

敷きわらは降雨による泥のはね上がりと夏季の高温乾燥を防ぎ、土壌湿度を保つ効果があります。また青枯れ病を予防する効果もあります。ただ早い時期（梅雨前）の敷きわらは地温を上げないので勧められません。

7月下旬以降の乾燥で果実の色あせ、果皮の硬化、収量低下が目立ってきます。土の乾燥が進まないうちに、夕方たっぷりかん水しましょう。

病害虫対策と注意点

ピーマンはトマトよりは病害虫は少ないですが、**ウイルス病**に注意します。ウイルス病の発生原因となる**アブラムシ**はマルチングで防ぎ、見つけたらすぐ捕殺します。アブラムシが発生したら初期にアルバリン顆粒水溶剤2000倍やマラソン乳剤2000倍で徹底防除します。7月以降、雨が多いと**疫病**が発生しやすいので、発生前にユニフォーム粒剤を1株当たり2g程散布します。

トウガラシ

◇ポイント

- 高温・強光を好む
- 有機質に富み、保肥力が強く保水性の良い土を好む
- 湛水に弱いので、高畝にする
- 地温上昇は青枯れ病を誘発する
- 追肥をこまめに行う

① 定植準備（4／25～30）

定植10日程前に苦土石灰を1平方m当たり120g程施し、耕します。次にみのり堆肥VSを1平方m当たり2kg程入れます。ナス科の野菜を過去5年以上作ったことのない畑を選びます。7日程前に基肥として「果菜専用」を1平方m当たり180g程施し耕して、高さ20cm、幅120cm程の畝を作ります。マルチングをすると栽培しやすくなります。

② 苗選び（4／25～30）

葉数7～8枚程で、全体的には若々しく無病のもので、茎が太く、節間が短く、葉色の濃いガッチリした苗を選びます。

③ 定 植（5／5～10）

地温14度以上を確認し植え急ぎません。株間は50～60cm程で深植禁止、防風、保温にポリ袋を使ったあんどんをつくります。アルバリン粒剤を1g程、株周りにまいておくと害虫の被害が少なくなります。

④ 支柱立・誘引（5／10～15）

収穫時期には草丈1m程となりますので、強風に耐えられるように支柱を作ります。園芸用支柱（1.5m程）を利用し、しっかりとした組立をします。茎を支柱に、くくりひもなどで8の字にし、ずり落ちないよう結びつけます。

⑤ 整 枝（5／20～）

第1番花が咲き始める頃、1番花下の葉の脇から発生する側枝2本と主枝の計3本を残し他は全部つみとります。晴天の午前中に行うようにします。

⑥ 追 肥

5月下旬頃に1回、その後20～25日間隔に1平方m当たり「すぐ効く追肥専用」を30g程株間またはうね肩部に施します。

⑦ 収 穫

9月中旬から10月中旬まで続きます。完全に色付いてから収穫します。

日当たりのよい所に置いて楽しみたい

ピーマン 鉢

ポイント
- 高温・強光を好む
- 有機質に富み保肥力が強く、保水性の良い土づくり
- 深くて大きめの鉢が栽培しやすい
- 追肥をこまめに行う
- 「京みどり」がつくりやすい

作業の目安時期

用土作り	苗選び	定植	支柱立・誘引	側枝とり・整枝	収穫
4月25日→30日	4月25日→30日	5月5日→10日	5月10日→15日	5月20日→	6月20日→10月20日

1 **用土作り、苗選び**（4/25〜30）

定植10日程前に、鉢土用土を湿らせておきます。苗選びは葉数7〜8枚、草丈20cm程で一番果の花が咲き始めのもので、全体的に若々しく無病のものを選びます。

2 **定植**（5/5〜10）

地温が14度を超えないと発根しないので地温を確認します。深植えは禁止です。

3 **支柱立・誘引**（5/10〜15）

支柱をたて、倒れないように誘引します。誘引の仕方は、茎を支柱にくくりひもなどで8の字にし、ある程度強く結びつけます。

4 **側枝とり・整枝**（5/20〜）

一番花が咲いたらその下の側枝（葉のつけねから出るわき芽のこと）を上から2本残し、それ以外の側枝はできるだけ小さいうちに取り除きます。側枝とりは晴天の午前中に行います。

5 **追肥**（5/25〜）

途中で肥料切れにならないように、5月25日頃に1回、その後20〜25日間隔で「すぐ効く追肥専用」を1g程施します。

6 **収穫**（6/20〜10/20）

6月20日から10月20日頃まで続きます。収穫が遅れると果実が大きくなりすぎ、皮が堅く、色が悪くなるので、開花後20日程で収穫します。

アフリカ原産で高温大好き。採り遅れないように

オクラ 畑

ポイント
- 高温性の作物で低温、霜に弱く日当たりを好む
- 微酸性（pH7.0～6.5）で有機質に富む土を好む
- 深く耕し、排水をよくする
- 暖かくなってから種をまき、生育初期は20℃以上の温度確保に努める
- **「アーリーファイブ（五角）」「エメラルド（丸さや）」**が作りやすい

作業の目安時期

は種準備	は種	間引き	追肥・土寄せ	収穫
5月10日～15日	5月20日～25日	6月15日～25日	6月10日～7月10日	7月20日～10月10日

1 は種準備（5／10～15）

は種10日程前に苦土石灰を施します。酸性に弱いので他の野菜より多めに（1平方m当たり180g）散布します。また完熟堆肥の効果が大きいのでみのり堆肥VSを1平方m当たり2kg程全面散布して耕します。次に7日程前に基肥として1平方m当たり「果菜専用」を160g程与え、耕しておきます。畝は、高さ18cm幅90cm程のものを、は種直前に作ります。

2 直播き栽培の場合（5／20～25）

地温18度以上を確かめてから種をまきます（5／20すぎ）。種皮が堅くて水を吸いにくく、発芽しにくいので、種を川砂等にまぶして傷をつけた上、1昼夜水に浸してからまくと発芽しやすくなります。株間40cmで1カ所に4粒程まき、1cm程覆土し、鎮圧の上、たっぷりかん水（水を注ぐ）します。透明マルチをしておくと発芽しやすくなります。

3 間引き（6／15～25）

本葉2枚頃、2本残し、本葉4～5枚の時に1本にします。生育初期は育ちが遅いのでトンネル・マルチングをして地温を上げると効果的です。暑くなると急速に成長します。

苗を育てて定植する場合

5月20日ごろに9cm程のポリ鉢に種を2～3粒まき、暖かい場所で発芽させ育てます。数が少ない時は苗を購入するほうが手っ取り早いでしょう。定植は6／10～15ごろ。地温が15度を超えないと発根しません。苗の大きさは本葉3枚程。株間は40cm程です。

4 追肥、土よせ（6／10～7／10）

花が咲き始めるころから生育が盛んになります。2週間おきに「すぐ効く追肥専用」を1平方m当たり20g程、株元から少し離して与え、軽く中耕の上、土寄せします。

その後の**追肥**は草勢を一定に保つよう15日間隔で2回程施します。追肥が早すぎると茂りすぎで実を結びにくくなり、遅すぎると心止まり（ある程度以上大きくならない）の原因となります。

5 収穫（7／20～10／10）

開花後7日程、大きさ4cm程の若い果実を収穫します。採り遅れると堅くなり、おいしくありません。収穫さやの下2葉を残し、それから下は草勢が強ければ摘葉します。果実は急速に大きくなるので毎日注意して収穫します。乾燥しないよう時々かん水し、夏はアブラムシに注意します。

爽やかな味のキュウリ　パリパリ食すは夏の悦び

キュウリ 畑

ポイント
- 温暖でやや強い光を好む
- 有機質に富み保肥力が強く、排水の良い土を好む
- 弱酸性（pH5.5～6.0）を好むが、酸性には強い
- 活着と初期生育を促し、肥切れしないようにする
- 整枝、摘葉を励行し、通風、採光に努める

作業の目安時期

定植準備	苗選び	定植	保護・保温	支柱立・誘引
4月25日～30日	4月25日～30日	5月5日～10日	5月10日～15日	5月15日～

整枝・仕立	追肥・収穫	摘葉・摘心
5月20日～	6月1日～	6月5日～

1

定植準備（4／25～30）

連作を嫌うのでウリ科の野菜（スイカ、カボチャ、メロン等）を過去5年以上作ったことがない畑を選びます。定植10日程前に1平方m当たり苦土石灰150g、みのり堆肥VSを2kg程施し耕します。

2

次に基肥として1平方m当たり「果菜専用」を200g程全面散布し耕してから、畝の中央を掘り1平方m当たりみのり堆肥VSを500g程、「果菜専用」を10g程入れます。

5日程前に高さ20cm、幅120～150cm程のかまぼこ形の畝を作ります。畝作りの後、マルチング（農業用資材として市販）をすると栽培しやすくなります。以上の準備をいっときに実施すると結果はよくありません。

3

苗選び（4／25～30）

葉数4枚程の若苗で、無病で茎が太く、節間が短く葉色の濃いガッチリした苗を選びます。下葉より上葉が大きい逆三角形の苗がよいといえます。品種は**「夏すずみ」「四葉」**が良いでしょう。

4

地温が12度を超えないと発根しないので地温を確認し植え急がないようにします。定植前日に液肥500倍でかん水しておきます。多少大掛かりですが定植前に「雨よけハウス」を作っておくと、鳥害や病害虫を防ぐうえで効果大です。アーチ型の金属製パイプで骨組みを作り上部にビニールをかけ、側面は防風ネットで覆います。

5

定植（5／5～10）

浅植えを心がけます。接ぎ木苗の場合、接ぎ木部分が埋まらないよう気をつけます。株間は60cm程がよいでしょう。

6

定植後仮支柱をたて、防風・保温対策としてトンネルかポリ袋を使ったあんどんをつくります。トンネルの場合は日中温度が28度を超えないように換気します。株の周りにオルトラン粒剤を1g程まいておくと害虫の被害が少なくなります。

支柱立て（5／15～）

収穫時期には草丈が2m程になります。強風にも耐えられるよう頑丈に作りましょう。

園芸用支柱（210cm程）を利用し、合掌式でしっかりとした組み立てをします。キュウリ用ネットを使うと便利です。

定植後、つるが伸び始めたら誘引し、ネットにしばります。

誘引（5／15～）

成長すると、つるが四方に伸びるので、キュウリ用ネットを利用し誘引すると、作業がしやすくなります。

整枝・仕立（5／20～）

親づる5節までの子づるは早めに摘除します。親づるの6～10節から出る子づるを2葉残し摘心（成長点を摘む）します。ただし、一度に全部切ると草勢が衰えますので、この範囲の子づるは1～2本は残して伸ばします。後で草勢がついてから、これを切ります。親づるの10節目より上の子づるは葉1枚残して摘心します。子づるから出る孫づるは1葉で摘心します。親づるの果実は草勢維持のため8節までならしません。

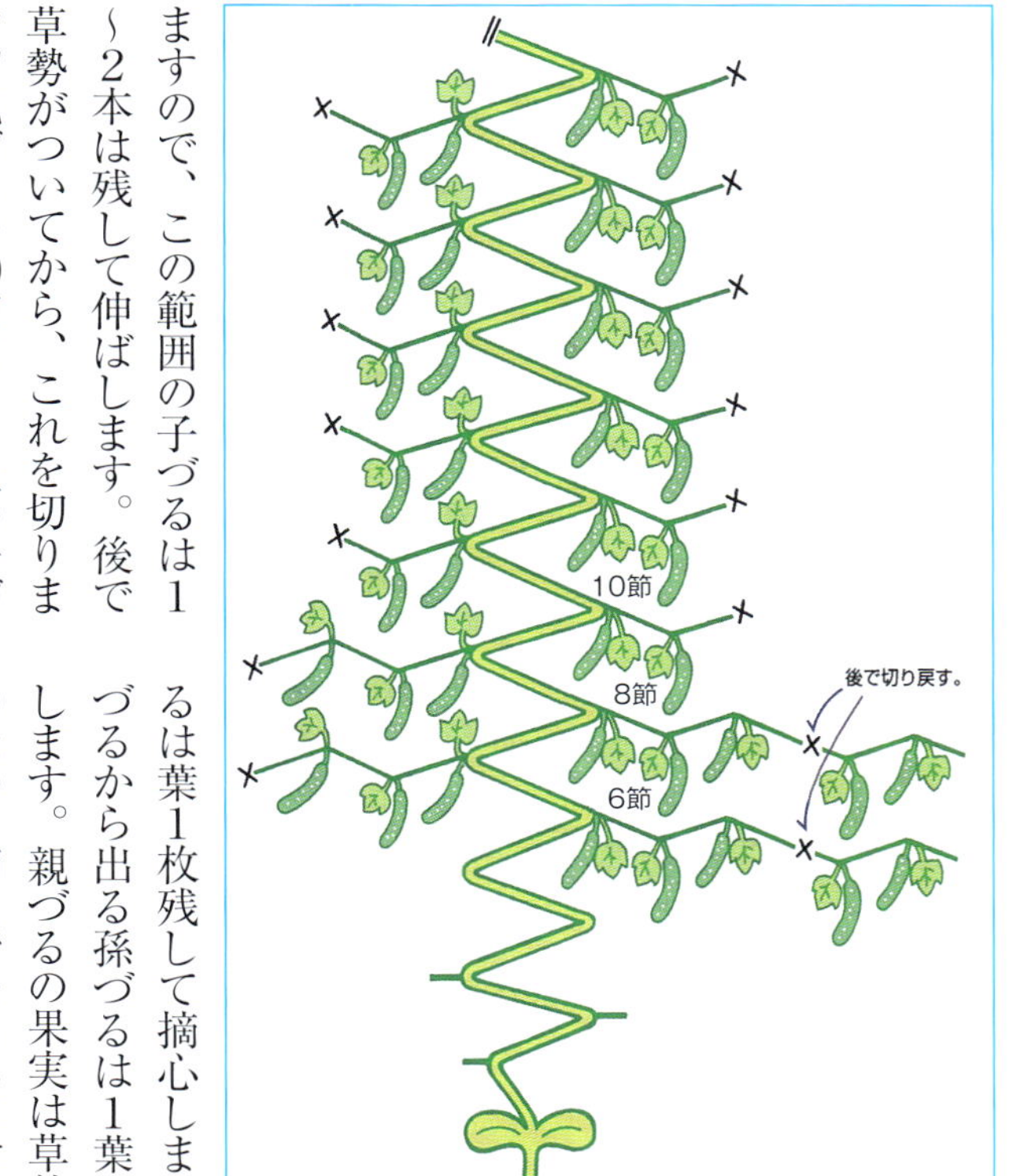

摘葉（6／5～）

摘葉は孫づるの開花頃より行います。1回の摘葉は株当たり3～4枚程で草勢をみながら古葉や病葉を葉柄基部から除去します。特に株元付近の葉は残しておくと病気感染の原因となるのですっきりと取ってしまいます。

病害虫対策と注意点

7月中旬、梅雨の長雨で病気が発生してきます。黄色いのは**べと病**。降雨、多湿、肥料切れで発生しやすいので、排水を良くするとともに、発生前にダコニール1000を1000倍で予防します。

白いのは**ウドンコ病**。日照不足、窒素過多で多くなります。発生前にベルクートフロアブル2000倍液を散布します。

梅雨が明けるころには、家庭菜園のキュウリはだいたい病気が出て収穫は終わります。

アブラムシが発生した時は、アルバリン顆粒水溶剤2000倍液を散布します。

秋に向けてもう一度苗を植えることは可能です。秋キュウリは8月上旬ころに定植をするのが良いでしょう。

13

開花（5／15～）

黄色のきれいな花が咲きます。

14

摘心

親づるの摘心は支柱頂上の30cm程手前（下）で行います。

遅れた場合は写真のように、支柱頂上に合わせてハサミで切ります。

15

追肥（6／1～）

収穫始めより10日毎に「すぐ効く追肥専用」を1平方m当たり20g程与えます。当初は株元近く、後半は畝全面に追肥します。肥料が切れてくるとクズ果が出、べと病が発生しやすくなります。

16

収穫（6／1～）

生食用はやや若穫りで80g程、煮物用、漬物用は120g程が目安です。一般に早採りするほうが株の勢いを弱めません。

収穫前半は若い果実、最盛期は100g程の果実を、それ以後は用途に合わせて収穫します。

爽やかな香り、身近で楽しみたい

キュウリ 鉢

ポイント
- 温暖でやや強い光を好む
- 有機質に富み、保肥力が強く、排水のよい土つくり
- やや酸性（pH6.5～6.0）を好むが、酸性にはやや強い
- 初期の生育を促し、肥切れしないようにする
- 大きめの容器で、整枝・摘葉を励行する

作業の目安時期

用土作り	4月25日～30日
苗選び	4月25日～30日
定植	5月5日～10日
保護・保温	5月10日～15日
支柱立・誘引	5月15日～
整枝・仕立	5月20日～
追肥・収穫	6月1日～
摘葉・摘心	6月5日～7月10日

1 用土作り（4／25～30）

定植10日程前、鉢土用土10ℓ当たり「果菜専用」10g程を入れ調合し、液肥500倍でかん水し、ポリエチレン等で覆いなじませておきます。**苗選び**のポイントはきゅうり（畑）と同じです。

定植準備（5／5～10）

排水を良くするため鉢底に大きめのゴロ土を2cm程入れ、調合した用土を鉢縁から3cm程まで入れます。地温が12度を超えないと発根しません。植えつけ前日、液肥500倍液でかん水しておきます。

2 定植（5／5～10）

浅植えを心がけ、接ぎ木苗の場合、接ぎ木部分が埋まらないよう気をつけます。植え付け後、支柱を立て、防風・保温対策としてポリ袋を使ったあんどんを作ります。オルトラン粒剤を1g程まいておくと害虫の被害が少なくなります。

3 支柱立（5／15～）

鉢に沿ってあんどん風に仕立てます。風のことを考えると高さは1m以内がよいでしょう。

誘引（5／15～）

つるが伸びてきたら、くくり紐などで、支柱に沿ってあんどん状に誘引していきます。

4 整枝・仕立（5／20～）

親づるの5節までの子づるは早めに摘除します。6節から10節の子づるは1葉残して摘心（生長点を摘む）します。ただし、草勢を維持するためこの範囲の子づるを1本伸ばしします。10節以降の子づるも1葉残して摘心します。親づるの果実は草勢維持のため8節まではならしません。親づるが支柱の頂点に近づいたら、その手前10cm程で摘心します。

5 摘葉・摘心（6／5～7／10）

古葉、病葉を葉えいの基部から除去します。1回当たりの枚数は3枚までとします。

6 収穫（6／1～）

生食用はやや若採りで80g程です。鉢植えの場合は、早採りするほうが株の勢いを弱らせません。**追肥**（5／25～）は収穫はじめより10日ごとに「すぐ効く追肥専用」を1g程施します。肥料がきれてくると、くず果が出てべと病が発生しやすくなります。液肥500倍をかん水代わりに施すと効果が高くなります。

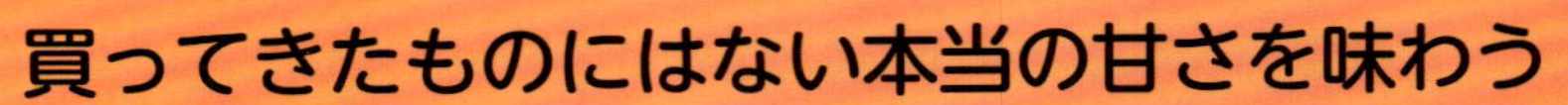
買ってきたものにはない本当の甘さを味わう

トウモロコシ 畑

ポイント
- 高温を好み、発根温度が高い
- 排水の良い砂壌土～壌土を好む
- 弱酸性（pH5.5～6.0）を好むが酸性には強い
- 吸肥力が強い多肥作物。栽培後は土地の肥料分がなくなる
- 収穫前の鳥よけとアワノメイガ対策が必要

作業の目安時期

は種準備	育苗用は種	定植準備	定植	追肥・土寄せ	摘果	収穫
4月30日～5月5日	5月10日～20日	5月10日～15日	5月20日～25日	5月20日～6月20日	7月10日～20日	7月20日～8月20日

1

は種準備（4/30～5/5）

まず苗を育てます。苗床で育苗する場合は、は種の10日程前、まき床を耕します。ビニールポットで育苗する場合は、同じくは種の10日程前にポットに土をつめ、たっぷりかん水（水を注ぐ）してから、透明マルチをかけ地温15度以上を確保します。品種は**「ゴールドラッシュ（黄）」「ピュアホワイト（白）」**が良いでしょう。

育苗用は種（5/10～20）

苗床の場合、ばらまきで間隔をやや大きくとります。ポットで育てる場合は1鉢に3～4粒まきます。覆土は1cm程かけ、鎮圧後たっぷりかん水します。

その後、新聞紙、透明ポリでおおい、保湿、保温を図ります。

2

鳥よけ

発芽時は鳥にねらわれるので、防鳥ネットなどで鳥よけをします。（直播(じかま)き栽培の場合は5月15日～31日に種を播きますが、鳥害が多いので育苗をお勧めします）

3

定植準備（5/10～15）

定植10日程前、1平方m当たりみのり堆肥VSを3kg程、苦土石灰を140g程施し、耕します。

4

次に、基肥に「果菜専用」を1平方m当たり250g程全面散布し耕します。この後、透明マルチングをすると地温が上昇し栽培しやすくなります。

5

定植（5/20～25）

地温が15度を超えないと発根しないので地温を確認し植え急がないようにします。本葉2・5～3枚程の時、株間35cm程で深植えします。この時、苗の向きを列に対して横に広がるようにします。2列以上植えると受粉しやすくなります。

ダイアジノン粒剤を1株当たり1g程、株の周りにまいておくと害虫の被害が少なくなります。

なお、トウモロコシには「キセニア現象」といって、異形質品種の花粉を受けて受精すると、品種固有の粒質を失い品質が低下する性質があるので、家庭菜園では単品種の栽培がお勧めです。

6 追肥、土寄せ（5/20〜6/20）

1回目は本葉5〜6枚時に「すぐ効く追肥専用」を1平方m当たり30g程施し、除草中耕のうえ、土寄せします。

7

2回目の追肥、土寄せは雄穂（一番上に出るススキの穂のようなもの）の出穂直前に「すぐ効く追肥専用」を1平方m当たり30g程施し、除草中耕のうえ土寄せします。

トウモロコシは吸肥力（肥料を吸収する力）が強く吸収は収穫期まで続くため追肥の効果は大です。追肥は株元ではなく株元から20cm程離して施します。

8 摘果（7/10〜20）

1株に2〜3果できますが下部のものは肥大しにくいので、毛（シルク）が出はじめたころにかきとって（小指程の実が入っている）、早めに一番上の1本だけとします。かきとった実はヤングコーンとしてサラダや汁の具にするとよいでしょう。欲張って下の果実を残すと両方とも肥大不足で失敗する危険があります。「二兎を追うもの一兎も得ず」のことわざに似ています。

除けつについて

かつては株元から発生する側枝は養分が分散し、果実を肥大させないのでは?ということで、除けつ（かきとること）しましたが、近年では葉面積が確保できるうえ、倒伏しにくくなり省力化できるということから、この管理作業はしません。

9 雄穂が出穂（7/10〜）

雄穂の花粉は風によって運ばれ、雌穂から出た絹糸（毛）について実ります。

10 かん水

開花期から成熟期に乾燥すると歯抜けや先端不捻（ふねん）が起きやすいので、乾燥が進まないうちにたっぷりかん水します。マルチなしの場合は敷きわらをして乾燥を防ぎます。

11

実の絹糸が出てほぼ20日後、毛が筒先まで茶褐色になってカサカサになった時が**収穫適期**です。

12 収穫（7/20〜8/20）

絹糸が褐変したら、外からさわってみましょう。穂実が硬く、先端が丸みを帯びているものがよいのです。収穫後1時間以内が最もおいしいので、できるだけ早くゆでるか焼いて食べましょう。

13

収穫後のトウモロコシは大変よく肥料を吸収していますので、細かくして積み、堆肥として利用することができます。私はイチゴの畑に利用しています。

14

収穫の終わった畑は石灰をまいて、次の作物のために準備をしておきます。

15

トウモロコシが終わったあとは、キャベツ、ハクサイ、ブロッコリーなどの秋野菜を作るのに適しています。ただ、トウモロコシの後は肥料がほとんど残っていないと思われるので、施肥は多めにします。

害虫対策と注意点

病気は少ないほうですが、害虫の被害は多いほうです。**アワノメイガ**は茎や雄穂、雌穂に食入し、塊状の糞やくずを出します。始めに雄穂に食入し、白くさせるので分かります。雄花の出始めと雌花絹糸の出始めに2回トレボン乳剤1000倍、スミチオン乳剤1000倍などを散布します。

直播きの時、発芽後、1本に間引きしますが、根元から抜き取ると、残す苗の根を傷めますので、ハサミで根元から切り取ります。

草丈は人の背丈程になり、風で倒れやすいので、深く耕したうえ深植し、土寄せをしっかり行います。

収穫すると実の中の乳酸菌が半日もしないうちにうまさの成分を消費してしまうので、本当のおいしさを味わうときは収穫後、できるだけ早く食べることです。生で食べてもおいしいくらいで、家庭菜園でしか味わえないおいしさを体感できます。

不屈の生命力を体に取り込もう

ニラ 畑

ポイント
- 生育適温18～20℃で涼しい気候を好むが、寒さにも暑さにも強い
- 栽培期間が長いが3～4年で株の更新をはかる
- 土壌適応は広いが、乾燥、過湿に弱い
- 酸性に弱いので、微酸性（pH6.5～7.0）程度に中和する
- **「広幅にら」**が作りやすい

作業の目安時期

は種準備	は種	育苗	定植	根株づくり
3月20日～25日	4月1日～5日	4月10日～6月20日	7月1日～10日	10月20日～1年半

春刈	追肥	夏刈	追肥	秋刈
3年目 4/5日～5/1日	4月10日～5月5日	6月10日～8月20日	9月10日～30日	9月30日～10月31日

1 1年目、は種・育苗

ニラの収穫は3年目の春から。は種の10日程前に1平方m当たりみのり堆肥VSを2kg程、苦土石灰を150g程施し深く耕します。7日程前、「葉菜専用」を1平方m当たり30g程施し深く耕します。前日、高さ15cm、幅90cm程の畝を作ります。種子は15～18時間浸した後、陰干しします。は種（4/1～5）は条間15cm程の間隔で条まきし、覆土の厚さは5mm程にし軽く鎮圧します。その後、かん水し、新聞紙で覆い、透明マルチをします。

2 育苗（4/10～6/20）

雑草はできるだけ小さいうちにこまめにとります。追肥は本葉2～3枚時、葉色がやや薄くなったら「葉菜専用」を1平方m当たり2g程施します。定植までに草丈20～30cm程、分けつ2～3本を確保します。

定植10日程前、1平方m当たりみのり堆肥VS2kg程、苦土石灰180g程を施し耕しておきます。7日程前、1平方m当たり「葉菜専用」150g程を施し耕します。前日高さ15cm、幅60cm程の畝を作ります。

3 定植（7/1～10）

は種後90日程で、1株2～3本の苗になります。株間25cm程で幅10cm程の溝を付け、苗を7～8株重ならないよう列状に並べ、根が隠れる程に覆土をします。定植時にトクチオン細粒剤Fを1平方m当たり7g程土壌混和するとネダニ防除に効果があります。盛夏期までに活着させます。

1年目の追肥、中耕、土寄せ（9月上旬～中旬）、「すぐ効く追肥専用」を1平方m当たり50g程施し、中耕し軽く土寄せします。

4 1年目の摘蕾（8月下旬～9月上旬）

開花する前に2回程に分け花蕾を摘みます。摘んだ花蕾は油炒めで食べることができます。写真は開花期。

5 2年目の施肥

1回目（3月下旬～4月上旬）は「すぐ効く追肥専用」を1平方m当たり100g程施し中耕、土寄せを軽く行います。量が多すぎると生育が悪くなります。2回目（6月中旬～下旬）は収穫時期にあわせ施肥時期を調整し1回目と同じく行います。3回目（9月上旬～中旬）も2回目と同じ。窒素過多になると軟弱になり秋に倒伏して根株の充実が悪くなります。

2年目の摘蕾（8月下旬～9月上旬）は1年目と同じ方法で行います。

6 3年目の収穫

春刈り（4/5～5/1）**夏刈り**（6/10～8/20）**秋刈り**（9/30～10/31）は草丈25～30cmになった頃から15～20日間隔に行い、株が弱らないように4～5回でうち切ります。収穫期によっては、切り捨てにより品質を維持します。

掘り起こす楽しみ、ほくほく食べる楽しみ

ジャガイモ 畑

ポイント
- 生育適温は10～23℃でやや低温を好む
- 排水の良い肥沃な砂壌土～壌土で酸性（pH5.0～6.0）を好む
- 「男爵」「メイクィーン」が一般的で春まき栽培が作りやすい
- 芽かきと1回目の追肥・土寄せを遅れないでおこなう
- 窒素過多、未熟な完熟堆肥は疫病、そうか病を招く

作業の目安時期

種イモ準備	植え付け準備	植え付け	芽かき	追肥・土寄せ	収穫
3月10日～20日	4月1日～10日	4月10日～20日	5月1日～10日	5月1日～31日	7月1日～25日

1 種イモ、植え付け準備（3/10～20）

種イモは毎年無病なものに更新します。**「男爵」「メイクィーン」**等が作りやすいでしょう。手に入れたら明るく暖かい場所で25～30日程置き、芽を出させます。

2

植え付け10日程前にみのり堆肥VSを1平方m当たり2kg程施し深く耕しておきます。石灰肥料は、そうか病を誘発するので使いません。7日程前に「いも・豆専用」を1平方m当たり140g程施し、耕します。

3

植え付け前日、種イモを**切断**し日陰で乾かします。目安は100g以上のものは4つ切り、60g程は2つ切りにします。切ることによって発芽が促されます。切り方は切り口を下にしたとき、各ピースとも頂部付近に良い芽がくるように切ります。またこの日、畑をできるだけ細かく耕しておきます。

4 植え付け（4/10～20）

間隔30cm程、深さ6cm程、条間90cm程で切り口を下にして植えます。覆土を6cm程かけ、軽く足で鎮圧（上から土を押さえる）します。砂地の場合は深く、湿りがちの土の場合は浅くします。ダイアジノン粒剤を1平方m当たり5g程（植付前、土壌混和）やっておくとケラ等の害虫に効果があります。

5 中耕、芽かき（5/1～10）

4月25日すぎに発芽してきます。寒さに弱いので中耕し、土をかけて芽を保護します。茎の数が多くなるとイモが不揃いになるので、草丈7cm程までに芽をかき、1株2本仕立てにします。写真は芽かき前の状態です。

6

芽かきの方法は株元を押さえて、芽を手前に引いて取り除きます。

7

追肥、土寄せ（5／1～31）

1回目は芽かきの後、「すぐ効く追肥専用」を1平方m当たり10g程株間に施し中耕のうえ3cm程土寄せします。

2回目はつぼみが付き始めた頃、1回目と同じものを施し5cm程株元に土寄せし緑化、腐敗を防ぎます。

8

写真は土寄せがほぼ完了した畝です。ジャガイモは種イモより上に新しいイモができるので、土を高く盛り上げていく必要があります。

9

花は切りとってしまうほうが良いでしょう。理由はイモに行くべき栄養が花のほうに行ってしまうのを防ぐことと、花が終わるとそこから病気を誘発しやすいためです。

10

梅雨どきは病気が発生しやすいので、出ないうちに薬剤を散布します。10日おきくらいに薬剤を散布します。もっとも怖いのは疫病で、長雨が続くと大発生して株は溶けたようになって腐ります。予防にアミスター20フロアブル4000倍、ダコニール1000を1000倍で散布します。

11

収穫（7／1～25）

茎葉が枯れ始める頃から収穫できます。それより早ければ収量が落ち、遅くなると品質が落ちます。貯蔵性は枯れてからの方が良いです。

12

試し採りを行い、収穫7日前に茎葉の全面刈り取りをします。このことで皮むけや損傷を防ぎます。掘り採りは晴天が3日程続いて土が乾燥してから行います。掘ったイモは風通しの良い日陰で干し、直射日光にあてないようにし、乾いたものから貯蔵します。

病害虫対策

害虫では**テントウムシダマシ**が食害を起こします。被害が出たらアディオン乳剤2000倍で防除します。

ジャガイモは種イモ選びがポイントです。自分の畑で前年に収穫したイモを使うと葉が縮れて巻いたりする**モザイク病（ウイルス病）**が発生しやすいので、北海道産の無病の種イモを種苗店で購入しましょう。

プランターでも出来る！土寄せを忘れずに

ジャガイモ プランター

ポイント
- 生育適温は10〜23℃でやや低温を好む
- 排水の良い肥沃な砂壌土〜壌土で酸性（pH5.0〜6.0）を好む
- **「男爵」「メイクィーン」**が一般的で春まき栽培が作りやすい
- 芽かきと1回目の追肥・土寄せを遅れないでおこなう
- 大きめのプランターを用意する

作業の目安時期

種イモ準備	用土作り	植え付け	芽かき	追肥・土寄せ	収穫
3月10日〜20日	4月3日〜13日	4月10日〜20日	5月1日〜10日	5月1日〜31日	6月25日〜7月15日

1

種イモ、植え付け準備（3/10〜20）

種イモは無病のものを購入します。**「男爵」「メイクィーン」**等が作りやすいでしょう。植え付け7日程前に用土をたっぷりかん水し、マルチ等で湿り気を保持します。植え付け前日に種イモを頂部の良い芽が均等につくように切断し日陰で乾かします。目安は100g以上のものは4つ切り、60g程のものは2つにします。

2

植え付け（4/10〜20）

大きいプランターの中央に間隔20cm、深さ6cm程で3つ、切り口を下にして植えます。覆土を5cm程かけ、軽く鎮圧します。ダイアジノン粒剤を1g程やっておくとケラ等の害虫に効果があります。

3

芽かき（5/1〜10）

4月25日すぎに発芽してきます。寒さに弱いので中耕し土をかけて芽を保護します。茎の数が多くなるとイモが不揃いになるので草丈7cm程までに芽をかき1株2本に仕立てます。方法は株元を押さえて、芽を手前に引いて取ります。

4

追肥、土寄せ（5/1〜31）

1回目は芽かきが終わった頃、「すぐ効く追肥専用」を3g程施し、中耕のうえ3cm程土寄せします。2回目はつぼみが付きはじめた頃、1回目と同じものを施し4cm程株元に土寄せしてイモの緑化、腐敗を防ぎます。

5

収穫（6/25〜7/15）

茎葉が枯れ始める頃から収穫できますが、枯れてから収穫するのがよいでしょう。

6

掘ったジャガイモはすぐ食べると、一番おいしいです。残れば風通しの良い日陰で干し、直射日光にあてないようにします。乾いたものから貯蔵します。

作りやすく、ちょっとあるととっても便利な料理の名脇役

パセリ 畑・プランター

ポイント

- 生育適温は15～20℃でやや低温を好む
- 排水の良い肥沃な砂壌土～壌土で酸性（pH5.5～6.0）を好む
- **「パラマウント」「モスカールド」**がつくりやすい
- 連作障害がある
- 好光性種子なので種まき後の覆土は薄く行う

作業の目安時期

	は種準備	は種	間引き・追肥	収穫
畑	5月25日～6月5日	6月5日～15日	9月1日～11月1日	9月20日～
プランター	5月25日～6月5日	6月5日～15日	9月1日～11月1日	9月20日～

畑での栽培

は種準備（5／25～6／5）

連作障害が出るのでセリ科の野菜（ニンジン、セリ、セロリ）の栽培後は避けます。ただし軟腐病等の発生がなければ4年程連作が可能です。

は種10日程前、1平方m当たりみのり堆肥VSを2kg程、苦土石灰120g程を施し細かく耕しておきます。

7日程前、1平方m当たり「葉菜専用」40g程を施し耕します。

2日程前、幅90cm、高さ15cm程の畝を作りたっぷりかん水し、マルチなどをかけて湿らしておきます。

は種（6／5～15）

種子は非常に小さく発芽率が悪いので、1昼夜水につけ、水切りしてまきます。方法はすじまき。条間40cmの2条まきで覆土はくん炭と土を半々にまぜたものを0.5cm程かけ、鎮圧後、切りわらかもみがらで覆い、たっぷりかん水します。あとは古タオルなどをかけて乾燥させないようにします。

間引き、追肥（9／1～11／1）

夏場は間引きしません。9月上旬から11月にかけて間引きを3回行い、最終株間を15cm程とします。間引きの時、1平方m当たり「葉菜専用」10g程をそれぞれ施します。気温が高くなるとわき芽が多く発生してくるので、早めにとります。

収穫（9／20～）

本葉15枚程から収穫できます。完全にカールしたものをとります。一度収穫すると3年程収穫できるので、越冬前後には枯れ葉や開き過ぎの下葉を取っておきます。

プランター栽培

は種準備（5／25～6／5）

10日程前、用土を湿らせておき、2日程前、プランターに用土を入れ、たっぷりかん水し、古タオルなどをかけて湿らしておきます。

は種（6／5～15）

種子は小さく発芽率が悪いので、1昼夜水につけ水切りしてまきます。

中央に1条の条まき、覆土はもみがらと土を半々にまぜたものを0.5cm程かけ、鎮圧後切りわらか、もみがらで覆い、たっぷりかん水します。あとは乾燥させないようにします。

この時期には園芸店で苗が販売されるので少量の場合は購入したほうが手っ取り早いでしょう。植える場合は1プランターに3株程がよいでしょう。

間引き、追肥（9／1～11／1）

夏場は行いません。9月上旬から11月にかけて3回行い、最終株間を12cm程とします。間引きの時、液肥500倍を施します。

管理

気温が高くなるとわき芽が多く発生してくるので、早めにとります。高温に弱いので夏は涼しい場所に移動します。

収穫（9／20～）

本葉15枚程から収穫できます。完全にカールしたものをとります。一度収穫すると3年程収穫できるので、越冬前後には枯葉や開き過ぎの下葉を取っておきます。

手間いらずで楽しくイモ掘り　窒素肥料のやりすぎは禁物

サツマイモ 畑

ポイント

- 生育適温は20～30℃で高温と日当たりを好む
- 通気性が良く、春先地温が上がりやすい土を好む
- カリ肥料と日照時間の長さでイモが太る
- **「高系14号」、「ベニアズマ」**等が作りやすい
- 窒素過多はつるボケとなり、イモが大きくならない

作業の目安時期

植え付け準備	苗選び	植え付け	中耕・除草	収穫
5月10日▶20日	5月20日▶31日	5月20日▶31日	6月1日▶7月20日	9月10日▶10月20日

1

植え付け準備（5／10～20）

植え付け10日程前に「いも・豆専用」を1平方m当たり50g程施し耕します。肥料過多による茎葉の過繁茂はイモの肥大を妨げるので、施肥量は控え気味にします。

2

サツマイモは酸性の土を好むことから消石炭や苦土石灰の散布は不要です。

植え付け前日、畑をできるだけ細かく耕し、高さ30cm幅80cm程の畝を作って、黒マルチをかけます。

3

苗選び（5／20～31）

葉数5枚程の若苗で、無病で茎が太く、節間は短く、葉色の濃いガッチリした苗を選びます。苗は根がついていないのでしおれやすい状態です。定植前日、吸水させ、ピンとなった状態で定植します。

4

植え付け（5／20～31）

地温が15度以上であることを確認し、温暖で無風の日を選び、夕方、深さ5～6cmに植え付けします。間隔30cm程で植え付け後はたっぷりかん水します。

5

長い苗は水平か船底形に、短い苗は斜めに挿して植えます。

6

7日程で発根します。それまでは、しおれても心配はいりません。

中耕、除草（6／1～7／20）

雑草が生えるとコガネムシが発生するのでつるが繁茂するまでは徹底して除草するか、定植（挿苗）前にバスタ液剤100倍などの除草剤で処理しますが、こまめに中耕することで雑草を防ぐことができます。

夏になると生育が非常に旺盛になります。つるが周囲に広がるのでそれを見越して、隣に迷惑にならないように畝の場所を選ぶ必要があります。

畑の外へ伸びたつるは切るか、返すかします。このとき草木灰を施すと、イモの質が良くなります。

収穫（9／10～10／20）

マルチをかけたものは9月中頃から収穫できます。普通のものは10月中旬から発霜が降りるまでが適期です。まず試し採りし、晴天が3日程続いて土が乾燥してから行います。つるを刈り取り、株元を確かめ、イモからやや離れた所にスコップかクワを入れて土をゆるめます。

つるからイモを離さないよう、傷を付けないようていねいに掘り出します。掘ったイモは風通しの良い日陰で干し、乾いたものから貯蔵します。雨天の日に採ったものや、霜に合ったものは腐敗しやすくなります。また表皮に傷のついたものは黒斑病菌が侵入し腐ります。

貯蔵適温は14度程なので、ダンボールの中にもみがらなどを入れ保温し、9度以下にならないようにします。

病害虫対策と注意点

病害虫は少ないほうですが、**コガネムシの幼虫**による食害に注意します。除草を徹底し、7月上旬、8月上旬に2回ダイアジノン粒剤を1平方m当たり6g程葉にかからないよう作条処理（畝の側面に筋をつくり農薬を置く）して軽く覆土します。

丈夫で土に対する適応性があり、手間がかからず作れるのが魅力です。むしろ問題は肥料のやりすぎ。つるばかり茂ってイモは貧弱という**つるボケ**が起こります。

過湿地では茎葉ばかり茂ってイモは小さいものが多く、収量は上がりません。

サツマイモを同じ所で続けて作り、手入れがよくないと、**野ネズミ**がイモを食い荒らします。ネズミ退治はなかなか困難ですが、ヤソヂオン、Z・P等をネズミの食べ物が少ない春先に、畑の周りに置いておくと良いでしょう。

高温多湿で雨の多い北陸に適した作物

サトイモ 畑

ポイント
- 生育適温は20～30℃で高温多湿を好むが、日陰でも育つ
- 粘質土で通気性が良く膨軟で地温が上がりやすい土を好む
- 多肥を好むが窒素過多に弱いので石灰、カリを多く施す
- **「石川早生」「愛知早生」**等が作りやすい
- 連作障害があるので4年程の輪作をする

作業の目安時期

作業	時期
種イモ準備	4月30日→5月10日
植え付け準備	5月5日→20日
植え付け	5月20日→31日
追肥・土寄せ	6月5日→8月5日
かん水	7月30日→8月31日
収穫	10月10日→11月20日

種イモ準備（4／30～5／10）

種イモは50g程で丸く、肌が滑らかで切り口が純白で腐っていないものを用います。定植20日程前、発芽部を上にして種イモの3分の2を床土の中にうめ、その上に土を4cm程かけ、有孔ポリでマルチをし、ビニールトンネルで保温し、芽を出させます。量が少ないときは芽だしイモを園芸店で求めるほうが便利です。

植え付け準備（5／5～20）

サトイモは酸性の土を好むので、消石炭や苦土石炭の散布は不要です。有機物を可能な限り多く入れておくと、生育が良く質もよくなります。定植7日程前に1平方m当たり「いも・豆専用」120g程を施し耕します。

定植の前日、畑をできるだけ細かく耕し、マルチを使用すると初期生育が良好です。

植え付け（5／20～31）

地温が15度以上あることを確認し、条間120cm、間隔60cm程、深さ5cm程の植え穴を掘り、本葉1枚程のイモ苗を芽を上に向けて置きます。

5cm程覆土し、芽は少し地上に出します。軽く鎮圧、かん水し出芽部が乾燥しないようにします。

追肥、土寄せ（6／5～8／5）

1回目は本葉3枚の時、マルチを除去して行います。「すぐ効く追肥専用」を1平方m当たり40g程施し、薄く中耕します。土寄せ直前に切りわらを施し6cm程土寄せすると、青子イモは防げます。

6

土寄せが厚すぎたり早すぎたりするとイモの数が少なくなるうえ、形が長くなり肥大が悪くなります。また遅れると根を切り、子ズイキ（茎）が多く発生します。土寄せ時の断根は発育を中断し干害を受けやすくしますので、畝をできるだけ削らないようにします。

7

2回目の追肥、土寄せは本葉6枚時に、「すぐ効く追肥専用」を1平方m当たり70g程を施し、薄く耕し、6cm程土寄せします。

8

3回目の追肥、土寄せは適宜行います。「いも・豆専用」を1平方m当たり20g程施し、薄く中耕し6cm程土寄せします。

9

かん水（7/30～8/31）

乾燥に弱いので晴天が続いたら早めにかん水します。高温時のかん水は夕方がよいでしょう。畝間かん水は停水、滞水を生じ根傷みするので、その対策をする必要があります。敷きわらやマルチは干害に有効です。

10

収穫（10/10～11/20）

葉が黄化し肥料切れになる10月中旬から発霜が降りるまでが収穫適期です。試し採りを行い、晴天が3日程続いて土が乾燥してから行います。

11

掘り方はまず茎を刈り取り、イモからやや離れた所にスコップかクワを入れ、土をゆるめ、その後傷を付けないよう丁寧に掘り出します。慣れるまではスコップのほうが失敗が少ないと思います。

12

掘ったイモは根をとり小イモ、孫イモに分け土つきのまま風通しのよい日陰で干し、乾いたものから貯蔵します。雨天にとったものや傷のついたものは腐敗しやすいといえます。貯蔵適温は10度程なのでダンボールの中にもみがらなどを入れて保温し、9度以下にならないようにします。

害虫対策

7～8月に好天が続くと**ハスモンヨトウ**が発生し丸坊主にしてしまうことがあります。早めにトレボン乳剤1000倍を散布します。幼虫が大きくなると殺虫剤に極めて強くなり防除が困難になります。

つるの仕立て方を理解し広い所で作りましょう

カボチャ 畑

ポイント
- 生育適温は22℃ほど。温暖でやや強い光を好む
- 排水性のよい土で弱酸性（pH5.5～6.0）を好む
- 「えびす」「打木赤皮甘栗」「坊ちゃん」が作りやすい
- 整枝、摘葉を励行し、通風、採光に努める
- 窒素肥料を控えめにする

作業の目安時期

作業	時期
定植準備	4月25日～30日
苗選び	4月30日～5月5日
定植	5月5日～10日
保温	5月10日～20日
整枝	6月1日～10日
交配	6月10日～25日
収穫	7月15日～8月31日

1

定植準備（4/25～30）

定植10日程前に苦土石灰を1平方m当たり100g程施し耕します。7日程前に「果菜専用」を1平方m当たり50g程施し耕しておきます。ウリ科の中では連作に強いほうですが、避けるほうがよいでしょう。

2

苗選び（4/30～5/5）

葉数3枚程で、全体的に若々しく無病で茎が太く、節間が短いガッチリしたもので下葉より上葉が大きいものを選びます。本葉5枚以上の場合は摘心してから植えます。

3

定植5日程前に高さ20cm、直径180cm程の饅頭（まんじゅう）形の畝を作ります。

4

畝作りの後、マルチングをすると栽培しやすくなります。定植準備はいっときに行うと後々、結果がよくありません。

5

定植（5/5～10）

地温が10度を超えないと発根しないので地温を確認し植え急がないようにします。株間は150cm程で深植え禁止です。1平方m当たりダイアジノン粒剤5g程を株の周りにまいておくと害虫の被害が少なくなります。

6

防風対策、保温対策としてポリエチレンを使ったテントをつくります。まず園芸用トンネル骨材で十字に骨組みを作ります。

7

保温（5／10～20）

骨組みの上にビニールかポリエチレンをかぶせて、テント完成。定植後7～10日は密閉します。高温対策として北側の裾（すそ）をあけるか、直径15cm程の穴をあけます。日よけに頂点付近に新聞紙をかけておきます。外気温が15度を超えるようになってからテントをはずします。1回目の追肥はテント除去数日前に「すぐ効く追肥専用」を1平方m当たり30g程施します。

8

整枝（6／1～10）

親づるが本葉7枚程の時、親づるを摘心し（成長点を摘む）、子づる3～4本をのばします。1番果が着果するまで、孫づるは早めに摘みます。

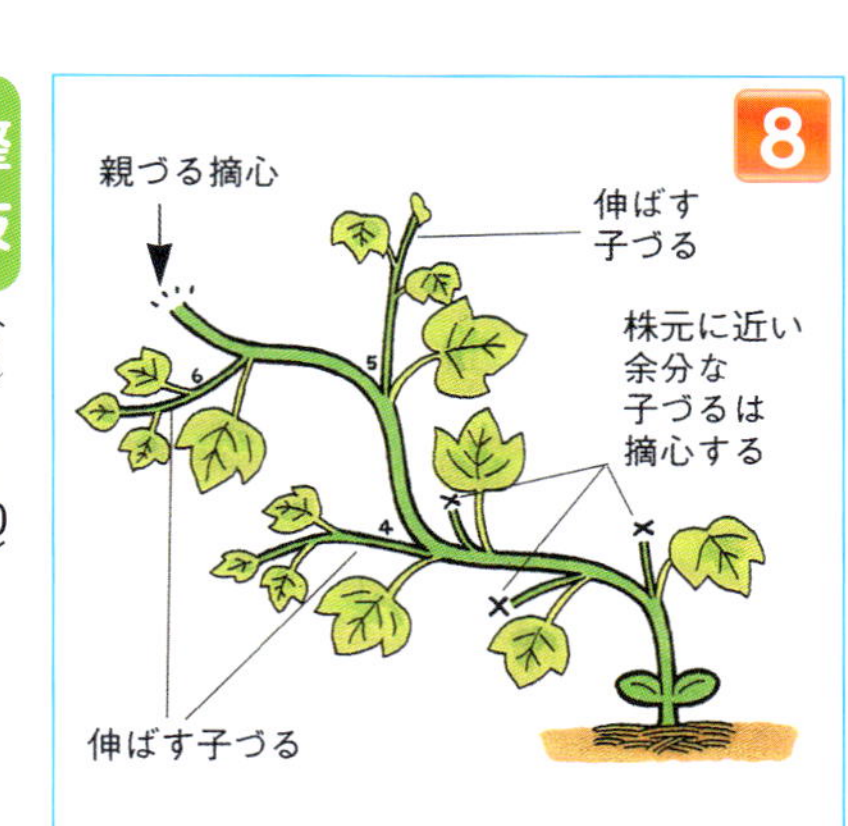

9

つぎに上のイラストを写真で説明します。手に持っているのは親づる。これくらいで先端を切って止めてしまいます。写真では子づるが6本程出ています。

10

株元に近いところの余分な子づるははさみで切ります。

11

整枝が完了したもの。ずいぶんすっきりとしました。

12

混みあわないように子づるは違う方向にはわせます。この後放任しておいてもよいですが茂りすぎ防止のため子づるは適当な所で摘心します（西洋カボチャの場合は必要ありません）。

13

交配（6／10～25）

雌花（右）が開花したら、午前9時過ぎに雄花（左）を摘んで、雌しべに花粉を付けます（人工受粉、交配）。一番果の理想着果節位は7～9節です。

14

最初の実が握りこぶし大になった頃、「すぐ効く追肥専用」をつる先に、ひと子づる当たりひと握り程（40g程）散布し、中耕して敷きわらをします（7／5～20）。敷きわらすることでつるが這いやすくなり、果実も汚れにくく、病害虫や雑草の防除となります。収穫10～14日前に果実の向きを変える（玉直し）と、果形と果色が均一に美しく仕上がります。

収穫（7/15～8/31）

一番果の収穫は開花後30～35日。果実の付け根に5～6本の亀裂を生じコルク化し縦だけでなく横にも広がってきたら完熟のしるしです。また皮に艶（つや）が出て黒ずんできます。二番果は果皮がかたくなり艶がさめてきた頃が採り頃です。日本種は白い粉をふいてきますので、それを目安に収穫します。味を良くするためには「風乾」といって風通しが良く直射日光の当たらないところで20日程熟成させます。

病害虫対策と注意点

カボチャはとにかく場所をとります。十分な面積を確保できる所で作りましょう。

これは他の作物と同じような狭い畝に植えたため、畝間の低いところ（排水が悪い）に這（は）ったつるが**疫病**にかかり、そこから先が腐ったもの。

あまり広がりすぎると、近所の迷惑になるのでやむをえず反転させることもあります。

まったく整枝しないで放任したもの。これでは通風、採光が悪くうまくいきません。花や果実の管理もこれではわけが分からなくなります。

自然の豊かなところでは、昆虫による自然受粉が基本ですが、肥料過多や不整枝に低温多雨が重なると、受粉しないで花が落ち結実しません。また一番果は人工受粉で必ず着果させるようにします。これはひとつ落花するとその習性が後まで続く傾向があるためです。ただし、一番果の質そのものはあまり良くありません。

肥料が多すぎると着果が悪くなります。専門的には栄養生長が盛んで、生殖生長が不充分な「ツルボケ」といいます。これは外見だけが大きくなって中身の充実がなされていない状態で、養分が多いため株が「安心」してしまい、子孫を残さなくてはという危機感が無くなることによるものです。基肥は少なめにし、着果を確かめてから追肥を上手に使うことが大切です。

カロテン豊富で低カロリーの健康野菜

ズッキーニ 畑

ポイント

- 20度前後で日当たりを好む
- 高温にはやや弱い
- 排水性の良い土で弱酸性（pH5.5～6.0）を好む
- 分枝性が弱く少ないスペースで栽培可能
- 強健で栽培しやすい
- 倒伏防止の株の固定が必要
- 人工交配で着果促進
- 品種は**「ダイナー」**が多収

作業の目安時期

定植準備	苗選び	定植	株の固定	追肥	人工受粉	収穫
5月1日～5日	5月1日～5日	5月10日～15日	5月20日～25日	6月15日～	6月15日～	6月20日～9月30日

1 定植準備（5／1～5）

定植10日程前に1平方m当たり苦土石灰を100g程、みのり堆肥VSを1kg程施し耕します。7日程前に「果菜専用」を1平方m当たり100g程施し耕しておきます。定植の前日、畝幅120cm程、高さ20cm程の畝を作り、透明ポリをかけ地温確保を図ります。

2 苗選び（5／1～5）

葉数が4枚程の若苗が良い。子葉が落ちておらず、節間が短く、葉色の濃すぎないもので、根鉢がしっかりできているものを選びます。

3 定植（5／10～15）

生育温度が20度であることから植え急ぎません。保温の方法としてトンネルやテントがあります。植え方は株間100cmほどの一条植えで、苗鉢より大きめの植え穴をあけ、根鉢を崩さないようにして浅植にします。仮支柱を立てて誘引し倒伏を防止します。

4 株の固定（5／20～25）

整枝は不要ですが、風で茎が折れたり株が振り回されないようにするため、井桁状に頑強な支柱を周りに立てて固定します。風通しと採光性を良くして発病を抑えるため、古い葉や病葉を除去します。

5 追肥（6／15～）

植え付け後、25日頃、畝の肩の部分に特A801を1平方m当たり20g程与えます。ただ肥料過多は病害虫を誘発するので、肥料不足気味の場合だけにします。

6 人工受粉（6／15～）

雌雄異花なのでハチやチョウがいないと受粉しません。その場合は雌花が咲いた朝9時過ぎに人工受粉を行い、着果を促します。その時、葉や茎にとげがあって痛いので手袋などで手を保護すると良いでしょう。

7 収穫（6／20～9／30）

開花後、5日程で収穫となります。長さ20cm程の若い果実が良好です。収穫が遅れると果実は大きくなり味が落ちるだけでなく、株に負担がかかるので良くありません。

花を食べる花ズッキーニとして利用する場合は開花前か直後のものを利用します。その場合は雌花とも雄花ともに利用できます。

病害虫防除

うどんこ病にはカリグリーン、**ウリハムシ**にはアファーム乳剤を散布し防除します

夏の食欲増進を誘う苦味。ゴーヤチャンプルーに不可欠

ゴーヤ 畑

ポイント

- 25℃程の高温、多日照を好む
- 排水性の良い土を好む
- 中性から弱アルカリ性(pH7.0前後)を好む
- 病害虫は比較的少ない
- ウリ科の後の連作は避ける
- グリーンカーテンで楽しめる
- 苦味は緑色種は強く、白色種は少ない
- 品種は**「島さんご」**が生育が良い

作業の目安時期

定植準備	苗選び	定植	整枝・追肥・かん水	収穫
5月1日▶10日	5月1日▶10日	5月20日▶30日	6月10日▶	7月20日▶10月10日

1 定植準備（5／1〜10）

定植10日程前に1平方m当たり苦土石灰を150g程、みのり堆肥VSを2kg程施し耕します。7日程前に1平方m当たり「果菜専用」100g程施し耕しておきます。連作を嫌うのでウリ科野菜（キュウリ、スイカ、カボチャ等）の後は避けます。定植前日、畝幅100cm程、高さ20cm程の畝を作り、透明ポリをかけ地温確保を図ります。

2 苗選び（5／1〜10）

葉数が4枚程のもので子葉が落ちておらず、節間が短く、葉色の濃すぎない苗を選びます。本葉5枚以上の場合は摘心してから植えます。

3 定植（5／20〜30）

生育温度が25〜30度と高いことから、植え急ぎません。保温の方法としてトンネルやテントがあります。植え方は株間60cm程の一条植えで、苗鉢より大きめの植え穴をあけ、根鉢を崩さないようにして浅植えにします。この時、ダイアジノン粒剤を1株当たり1g程散布しておくと、タネバエ等の害虫被害が少なくなります。

整枝前

4 整枝・追肥（6／10〜）

摘芯・放任どちらでもよいですが、摘芯の場合は本葉5〜6枚の時に摘芯し子づるを3本程伸ばします。

この時までに支柱を立て、ネットを張り誘引する棚を完成させます。結構重くなるのでしっかりしたものを作ります。

整枝後

子づるが伸びてきたらネットに均等に誘引します。孫づるが発生したら込み過ぎた所を間引いて、株全体の日当たりを良くするようにします。

追肥は定植後10日頃、液肥500倍で与えるほか、一番果の肥大期と収穫最盛期に特A801号を1平方m当たり30g程与えます。

梅雨明けには株元に敷きわらを行い、乾燥を防ぎます。乾燥すると果実の生育が悪くなるので、適宜夕方にかん水します。

病害虫防除

病気では**ウドンコ病**、**べと病**等、害虫では**アブラムシ、ダニ、スリップス類**が発生するので早期防除に努めます（121ページ参照）

5 収穫（7／20〜10／10）

開花から収穫までの期間は気温の影響が大きく、低温期は30日程、高温期は15日程で収穫できます。過熟果は品質が劣るので、200g程の目安で若採りを心掛けます。ただし果実の肥大が止まり、黄色く変色したものは油炒めで利用できます。

うちで採れたエダマメで湯上がりの一杯！

エダマメ 畑

ポイント

- 生育に適した温度は20～25℃で霜に弱い
- 強光を好む
- 窒素過多は禁物
- 保水性があり排水のよい土で、やや酸性（pH6.0～6.5）の土を好む
- 防鳥対策を忘れずに

作業の目安時期

定植準備	は種・育苗	定植	追肥・土寄せ	収穫
5月20日～31日	5月20日～31日	5月31日～6月10日	6月25日～7月5日	8月1日～10日

1 定植準備（5／20～31）

定植10日程前に1平方m当たり苦土石灰120g程を施し耕します。7日程前に基肥として「いも・豆専用」を1平方m当たり80g程施し耕します。前作が野菜のときは窒素を減らし、燐酸、カリを多くします。窒素が多すぎると葉ばかり茂って実の入りが悪くなります。後で土寄せが必要となるので、高さ5cm程の畝を作ります。夏ダイズ型、中間型は**「湯上り娘」「快豆黒頭巾」**、秋ダイズ型は**「たんくろう」**が作りやすいといえます。

2 は種、育苗（5／20～31）

ハトの被害を避けるためにはトロ箱などを使った育苗箱で苗を育ててから定植したほうが確実です。方法は育苗箱に種をまき覆土、かん水します。

畑地で育苗する場合はビニールトンネルで覆います。育苗期間は12～15日程です。

定植（5／31～6／10）

地温が14度を超えないと発根しないので地温を確認し植え急がないようにします。株間は20cm程とします。

畑に直播きする場合は5月20日から30日ごろに、20cm間隔に3粒ずつまきます。まいたあと防鳥網を張り、ハトの被害に備えます。

間引き

直播きの場合は本葉2枚の時1カ所2本に間引きします。間引きは葉が互いに重ならない程に行います。

3 追肥、土寄せ（6／25～7／5）

土寄せは開花20日前におこないます。追肥は開花期にしますが、収穫期まで肥料が残っていると食味が悪くなるので、草勢を見て加減します。さやがついたら、子実の太りをよくするために、土が乾いたらかん水します。

4 収穫（8／1～10）

花が咲くころから虫が侵入してさやや子実を害します。開花後2回トレボン乳剤1000倍を散布します。さやの中の子実が十分太った頃に収穫します。

黄檗宗の開祖隠元禅師が中国から伝える。つる有りは収量が多い

インゲン 畑

ポイント
- 生育に適した温度は20～25℃で霜に弱い
- 強光を好む
- 窒素過多は禁物
- 保水性があり排水のよい土で、弱酸性（pH6.5程度）の土がよい
- 防鳥対策を忘れずに

作業の目安時期

は種準備	は種	追肥・土寄せ	収穫
5月15日→25日	5月25日→6月5日	6月5日→25日	7月5日→8月10日

1 直播きの場合

は種準備（5/15～25）

移植を嫌う性質があるため、畑に直接まくことをおすすめします。連作を嫌うため豆類を作った後は3年程避けます。は種の10日程前、苦土石灰を散布します。酸性に弱いので他の野菜より多め（1平方m当たり160g）にします。また完熟堆肥の効果が大きいのでみのり堆肥VSを1平方m当たり2kg程施し耕します。前作が野菜のときは窒素を控えめにし、燐酸、加里を多くします。7日程前に「いも・豆専用」を1平方m当たり80g程施し耕しておきます。後で土寄せが必要になるので、定植の前日に高さ6cm程、幅100～120cmの畝を作ります。

は種（直播き）（5/25～6/5）

種子から伝染する病気を予防するためホーマイ水和剤を前日、種にまぶしておきます。株間30cm程にして、1穴3粒をまきます。覆土の厚さは1cm程にして軽く鎮圧してからかん水します。発芽の時、鳥に狙われるので防鳥網を張ります。品種は**「(つる有り) ケンタッキーKB」**が作りやすいといえます。

育苗・移植の場合

育苗用のは種（5/25～6/5）

育苗した苗を植え付ける場合は、根くずれを防ぐため9号ビニールポットに種を2粒まき、覆土、かん水しビニールトンネルで被覆します。地温が20℃を超えないと発芽しません。低温期に種をまいても発芽せず腐敗します。育苗期間は15日程で本葉2枚程で植え付けます。

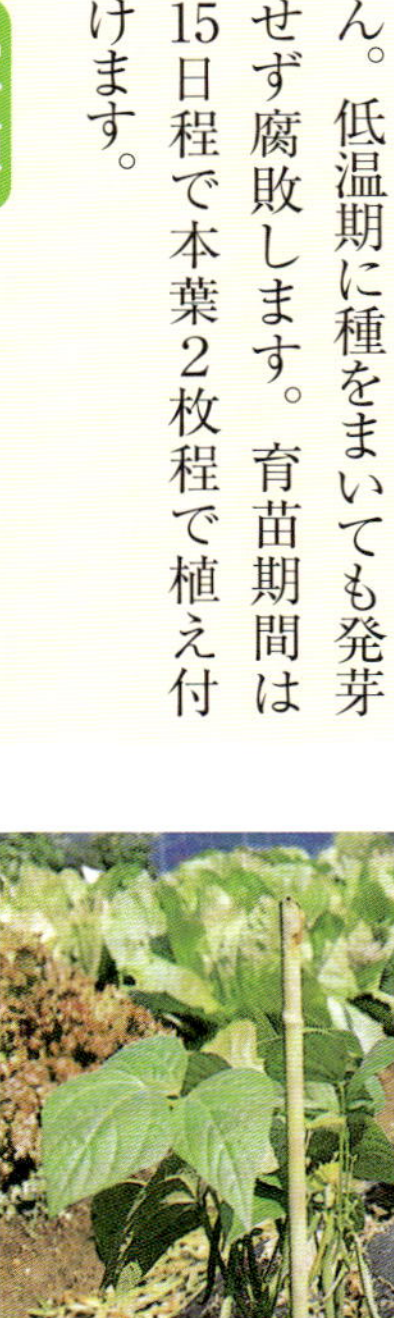

定植

地温が14度を超えないと発根しないので、地温を確認し植え急ぎません。株間は30cm程で、根鉢をくずさないよう注意します。

2

追肥、土寄せ（6/5～25）

土寄せは開花の20日前。追肥は開花期に1平方m当たり「すぐ効く追肥専用」を20g程与えます。かん水（7/20～31）はさやがついたら子実の太りをよくするため、土が乾いたら行います。

3

収穫（7/5～8/10）

さやの中の子実が十分太った頃、朝涼しいうちに収穫します。とり遅れないようにします。

つる無し種を使って簡単にとれたてを味わう

インゲン プランター

ポイント
- 生育に適した温度は20～25℃で霜に弱い
- 強光を好む
- 窒素過多は禁物
- 保水性があり排水のよい土で、弱酸性（pH6.5程度）の土がよい
- わい性種（つる無し）が適する

作業の目安時期

用土準備	定植	追肥・かん水	収穫
5月10日～15日	5月20日～25日	6月5日～25日	7月5日～20日

用土準備（5/10～15）

酸性に弱いので定植10日程前に鉢土用土10ℓ当たり苦土石灰120g、みのり堆肥VS3ℓを調合し湿らせておきます。燐酸、加里を多く必要とするので、7日程前に「いも・豆専用」10g程/10ℓを用土に入れ調合してなじませておきます。

プランターに入れる時は、まず粗めの土を底に敷きます。

次に、その上に前記の土を入れます。満杯とせず、上縁から2cm程のウオータースペースを確保します。

直播きの場合

は種（6/1～5）

地温が20度を超えないと発芽しません。大きめのプランターに2株がよいと思います。株間は20cm程で1カ所3粒まきます。覆土の厚さを1cm程にし軽く鎮圧します。たっぷりかん水した後、新聞紙で覆い、透明マルチをかけておくと発芽が揃います。発芽後、鳥の食害を避けるため、ネットをかけるか、屋内に取り込むなどします。品種は**「（つる無し）初みどり菜豆」**が作りやすいでしょう。

苗を購入して**定植する**（5/20～25）場合も20cm程の間隔で植えつけます。プランターではつる無し種が良いでしょう。

追肥、かん水（6/5～25）

増土・土寄せは開花期の20日前、追肥は開花期におこないます。「すぐ効く追肥専用」1g程を株のまわりに施します。サヤがついたら、子実の太りをよくするためにかん水します。かん水は土が乾いたら行います。

収穫（7/5～20）

サヤの中の子実が十分太った頃に収穫します。

梅干しに欠かせない赤ジソ、手巻きずし盛り上げる青ジソ

シソ 畑

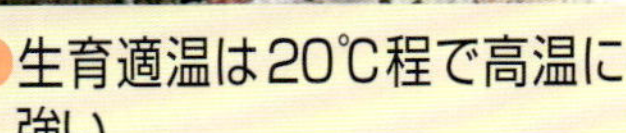

ポイント
- 生育適温は20℃程で高温に強い
- 土壌適応性は広くやや酸性（pH6.0～6.5）を好む
- 赤ジソ、青ジソがある
- 連作障害がある
- 窒素過多が収穫前まで続くと品質が劣る

作業の目安時期

は種準備	は種	間引き・追肥	収穫
3月25日 ▶ 4月20日	4月5日 ▶ 30日	5月10日 ▶ 6月10日	6月20日 ▶ 7月31日

1 は種準備（3/25～4/20）

連作障害がでるので輪作を考えます。は種10日程前、苦土石灰を1平方m当たり120g程施し細かく耕します。7日程前、「葉菜専用」を1平方m当たり70g程散布し耕します。2日程前、幅90cm、高さ12cm程の畝を作りたっぷりかん水し、マルチなどをかけ湿らせておきます。

2 は種（4/5～30）

地温が低いと発芽しないので15度以上を確かめてから条間20cmの3～4条まきか、ばらまきにします。光が少し当たったほうが発芽しやすいので覆土は5mm以下で、もみがらを使い、十分かん水し発芽まで乾燥させません。

3 間引き（5/10～6/10）

1回目は本葉が出始めたら、1cm程の間隔に間引きます。**2回目**は本葉2枚程の時、葉が重ならない程度に行います。間引いた苗を移植すると無駄がありません。移植場所はまき床と同じように準備しておきましょう。移植の間隔は15cm程がよいでしょう。**3回目**は本葉4～5枚時に株間30cm程に仕上げます。ここでも間引いた苗を移植すると無駄がありません。

4 追肥（5/10～6/10）

原則として行いませんが、草丈が20cm程のとき、草勢の弱い時は「すぐ効く追肥専用」を1平方m当たり5g程施します。

5 収穫（6/20～7/31）

葉が10枚以上になったものから順次収穫します。早朝、露のあるうちに根つきでとると品質が良好です。芽ジソ、梅干し用葉ジソ、生食用葉ジソ、実ジソ等用途によって区別します。

6

梅干し漬け用に大量に使う赤ジソはともかく、青ジソは2～3株あれば家庭で消費しきれないくらいとれます。写真のように茎ごと収穫して干し、お茶のように飲むとさわやかな味を楽しむことができます。

気分を晴らす効果のある和製ハーブ・シソを身近に

シソ プランター

ポイント
- 生育適温は20℃程で高温に強い
- 土壌適応性は広くやや酸性（pH6.0～6.5）を好む
- 赤ジソ、青ジソがある
- 窒素過多が収穫前まで続くと品質が劣る

作業の目安時期

用土準備	は種	間引き・追肥	収穫
3月20日～4月1日	4月5日～30日	5月10日～6月10日	6月20日～7月31日

1

用土準備（3/20～4/1）

は種10日程前、鉢土用土10ℓ当たり苦土石灰8g、みのり堆肥VS3ℓを調合し、なじませておきます。湿り気を保つためポリエチレンなどで覆っておきます。7日程前、「葉菜専用」10g/10ℓを用土に入れ再度調合し、なじませておきます。

まく前日、用土をプランターに入れます。底のほうには、排水をよくするため粗めの土を入れ、上部に2cm程のウオータースペースを確保し、液肥500倍でかん水しておきます。

2

は種（4/5～30）

地温が低いと発芽しないので15度以上を確かめます。適当な木の棒でならし、播きすじをつけます。

3

条間9cmの2条まき。あるいは、ばらまきします。

4

好光性種子なので覆土はもみがらを利用し、0.5cm以下の厚さがよいでしょう。木の棒などで軽く押さえます。（鎮圧）

十分にかん水し、発芽まで乾燥させません。

間引き（5/10～6/10）

1回目は本葉が出始めたら、1cm程の間隔に間引きします。

5

2回目は本葉2枚程の時、葉が重ならない程に間引きます。移植用プランターを準備し、間引いた苗を移植すると無駄がありません。株間は9cm程にします。第3回は本葉4～5枚時に株間15cm程に仕上げます。

6

追肥は原則として行いませんが、5/20～6/10頃、草勢の弱い時は液肥300倍を施します。**収穫**（6/20～7/31）は葉が10枚以上になったものから順次収穫します。早朝、露のあるうちに根つきでとると品質が落ちにくくなります。芽ジソ、梅干し用葉ジソ、生食用葉ジソ、実ジソ等用途によって区別します。

夏を代表する味覚。広い場所で日当たりよく

スイカ 畑

ポイント
- 高温で強い光を好む。生育適温は26℃ほど
- 排水性のよい土でやや酸性（pH6.0～6.5）を好む
- 連作障害のツルワレ病がでやすい。対策として接ぎ木苗を利用する
- 人工交配、整枝を励行し、目標着果節位を15節程とする
- 追肥はツルボケを防ぐため、着果後行う

作業の目安時期

定植準備	苗選び	定植	保温管理	追肥・敷きわら
4月 25日～30日	4月 25日～30日	5月 5日～10日	5月 10日～25日	5月 20日～

整枝・摘心	人工受粉など	収穫
5月 20日～	7月 1日～20日	8月 5日～20日

1 定植準備（4/25～30）

連作を嫌うのでウリ科の野菜（キュウリ、カボチャ、メロン等）を過去5年以上作ったことがない畑を選ぶか、接ぎ木苗を使います。定植10日程前に1平方m当たり苦土石灰80g程、みのり堆肥VS2kg程を施し耕し、畝の中央を掘り1m当たりみのり堆肥VSを1kg程入れます。次に全面に基肥として1平方m当たり「果菜専用」を50g程施し、耕して堆肥を入れた溝をうめます。肥料過多は過繁茂（ツルボケ）の原因になるので量は控え目が賢明です。

2

5日程前に高さ20cm、幅300cm程の**かまぼこ形の畝**を作ります。畝作りの後、**マルチング**をすると栽培しやすくなります。品種は**「祭りばやし」**、小玉では**「紅小玉」**が良いでしょう。

3 苗選び（4/25～30）

葉数5枚程の苗で、無病で茎が太く、節間が短く、がっちりした生育の良い苗を選びます。「苗八分作」といわれる言葉の意味をかみしめて、苗選びは慎重にします。苗は定植前日に液肥500倍でかん水しておきます。

4 定植（5/5～10）

地温が12度を超えないと発根しないので地温を確認し植え急ぎません。浅植えを心がけ接ぎ木苗の場合、接ぎ木部分が埋まらないよう気をつけます。株間は100cm程。ダイアジノン粒剤を1平方m当たり5g程株の周りにまいておくと害虫の被害が少なくなります。

5

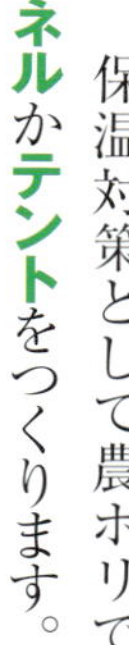

保温対策として農ポリで**トンネル**か**テント**をつくります。

6 保温管理（5/10～25）

定植後7～10日は密閉します。晴天時の葉やけを防ぐため、かん水をしてポリを曇らせるか、苗の真上に当たる所に新聞紙などであらかじめ日よけを作っておきます。その後は、風下側に直径10cm程の穴をあけ、換気します。以降5日間隔で穴の数を増し、35度を超えないようにします。あるいは裾の開閉ができるトンネルをつくり、こまめに換気しながら管理をします。定植後、2週間は気を抜けません。上の写真は、すその開閉ができるトンネルです。

7 追肥、敷きわら（5／20～）

1回目はトンネルまたはテント除去の7日程前に、1平方m当たり「果菜専用」を30gつる先に施し、耕した後に敷きわらをします。

整枝、摘心（5／20～）

敷きわら後、親づるはそのまま伸ばし、子づるを2～3本仕立てます。それ以外の生育の悪い子づるは整枝しますが、一時に切ると草勢が落ちてしまうので、余分な子づるでも1～2本は残して、草勢が回復してから切り取ります。着果までに親づる1本と子づる2本とします。

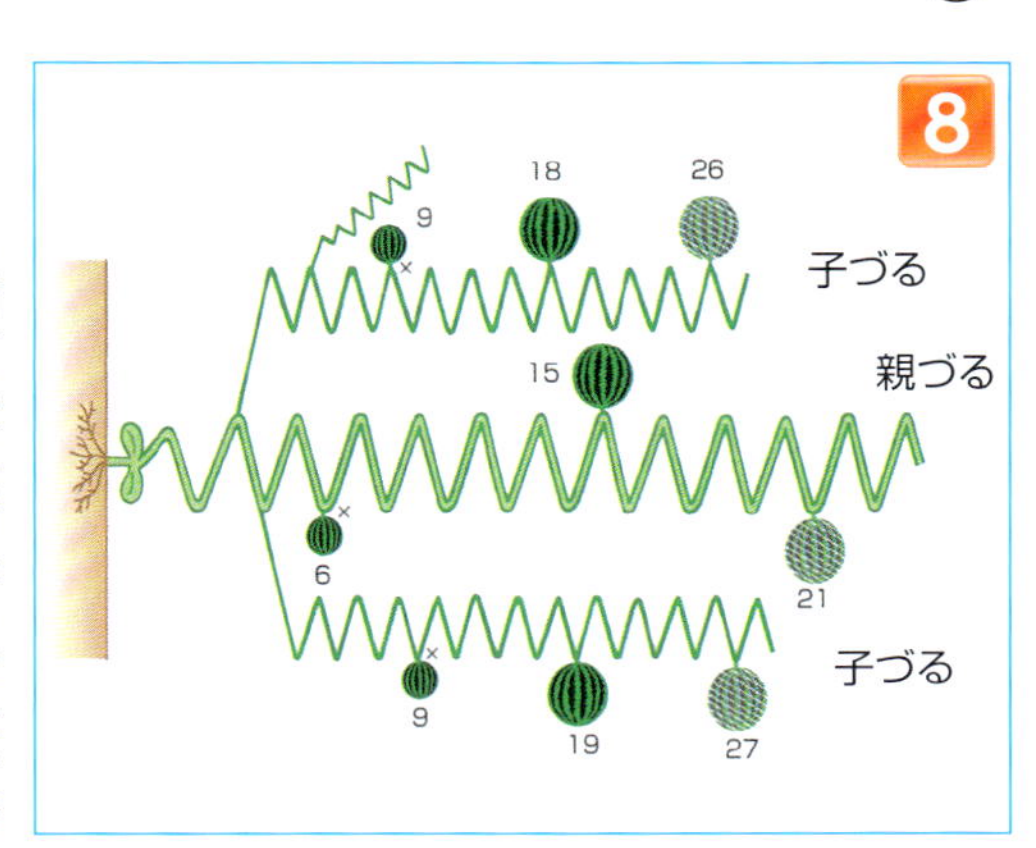

6～9節前後に着果させた一番果は途中で取り除く予定です。着果後は株元の葉を5～6枚取り除きます。

9 3本仕立の様子。指差している付近に一番果を着果させます。着果後は葉が混み合わないよう、つるを配置するか摘葉します。

人工受粉、札入れ、玉直し（7／1～20）

収穫用の果実は15～18節目に着果させるのが理想的です。着果を確実にするため、晴れた日の開花時、午前9時過ぎに人工交配します。写真は雄花。

10

11 これは雌花です。花の下の子房が丸くなっているのがわかります。

12 人工交配は雄花の花粉を雌花の柱頭にすりつけます。午前10時までに行えば効果があります。低節位（9節以下）に着果させた一番果は空洞果や変形果になりやすいので摘果します。

13 果実がピンポン玉大の頃、着果札をたて収穫予定日を記入します（札入れ）。玉直しは収穫1週間前に接地部分を日に当てておくと着色が均一になります。

14 着果後は込み合う所の葉をはさみで間引きます。特に株元はすっきりさせておきます。

15

2回目の追肥は着果確認後、1回目と同じものを同じように行います。この追肥後、中耕・整地を行い畝幅3mに仕上げます。3回目は一番果が肥大する時期に、1、2回目と同じように行います。肥料のやりすぎはツルボケになるので草勢をみながらひかえ気味に施します。追肥と同時に中耕し、除草、敷きわらをします。

16

6月に着果したものは40日程、7月に着果したものは35日程で収穫適期となります。小玉種はこれより5~7日早く収穫します。収穫期が近づいたらカラスよけのため、わらをかぶせて隠すか、防鳥ネットを張ります。

17

収穫期（8／5~20）の判断は、果実が付いている節の巻きひげが半分以上黄色くなったときが目安です。他に打音が濁音である、縞の濃淡がくっきりする、肩部が盛り上がるなどありますが、試し採りをして確かめます。

18

このように尻が黄色くなるのも収穫期のしるしです。

19

大玉スイカと小玉スイカ。小玉は大玉より草勢が強く着果が多い。

病害虫対策と注意点

排水をよくして敷きわらを十分にすることが大切です。薬剤防除は早めに定期的に行います。ダコニール1000 1000倍にアディオン乳剤2000倍を加えて散布します。このあと薬剤の種類を変えて10日ごとに定期的に行います。

7月に晴天が多い年は豊作で、雨の多い年は不作であるといわれています。高温乾燥には強いが、多湿や日照不足に弱い作物です。

苗の定植が遅れ、成熟期が9月中旬以降になると、温度が不足し、糖分がのらず品質が落ちます。

収穫後、2、3日おいて、追熟してから食べるほうが、果肉がしまり甘みも多くなります。

梅雨期には長雨・強雨が予想されます。そのため泥はね過湿などで病気の発生を助長します。特にウリ類は株元が多湿になると、つる割れ病などの細菌による病気が発生しやすくなりますので、雨よけによる予防の効果が大きいといえます。

気の抜けない病害虫対策や整枝。それだけに収穫は感無量。上級者向き

メロン 畑

ポイント

- 高温で、強い光を好み生育適温は26℃ほど
- 排水性のよい土でやや酸性（pH6.0～6.5）を好む
- 連作障害のツルワレ病が出やすい
- 人工交配、整枝を励行し、目標着果節位を8節前後とする
- 露地メロンと言われる種類のうち**「プリンスメロン」「アムスメロン」**が作りやすい

作業の目安時期

定植準備	苗選び	定植	保温・雨除け	整枝・摘心	敷きわら・追肥	収穫
4月25日～30日	4月25日～30日	5月5日～10日	5月10日～7月20日	5月20日～6月20日	6月1日～20日	7月10日～25日

1 定植準備（4/25～30）

連作を嫌うのでウリ科の野菜（キュウリ、カボチャ、スイカ等）を過去5年以上作ったことがない畑を選ぶか、接ぎ木苗を使います。定植10日程前に1平方m当たり苦土石灰を120g程、みのり堆肥VSを2kg程まき耕します。

次に畝の中央を掘り1m当たりみのり堆肥VSを1kg程入れます。その後全面に「果菜専用」を1平方m当たり80g程全面散布し耕して、堆肥を入れた溝をうめます。肥料過多は過繁茂（ツルボケ）の原因になるので量は控え目が賢明です。

2

定植の5日程前に高さ20cm、幅200cm程の**かまぼこ形の畝**を作ります。

3

畝作りの後、**マルチング**をすると栽培しやすくなります。以上のことを定植時にいっときに実施すると後々、結果がよくありません。

4 苗選び（4/25～30）

栽培しやすいノーネット型のプリンスメロン、やや難しいネット型のアムスメロンがあります。葉数4枚程の苗で、無病で茎が太く、節間が短く、ガッチリした生育の良い苗を選びます。苗は定植前日に液肥500倍液でかん水しておきます。

5 定植（5/5～10）

地温が15度を超えないと発根しないので地温を確認し植え急ぎをしません。浅植えを心がけ、接ぎ木苗の場合、接ぎ木部分が埋まらないよう気をつけます。アルバリン粒剤1g程を株の周りにまいておくと、害虫の被害が少なくなります。

6

植える株間は90cm程。保温、雨よけ対策として、農ポリでトンネルかテントをつくります。テントはトンネル骨材を十字の骨組みにセットします。

保温、雨よけ（5/10～7/20）

定植後7～10日は密閉します。晴天時の葉やけを防ぐため、たっぷりかん水し、ポリを曇らせるか、苗の真上に当たる所に新聞紙などで、あらかじめ日よけを作っておきます。日中は30度を超えないように注意します。

トンネル作りではまず骨組みをセットします。

農ポリをかけ、末端を杭などにしばって固定します。日中、トンネル内の温度が28度を超えないようにするため、裾の部分が開閉できるように工夫します。

整枝、摘心（5/20～6/20）

親づるは5節までとし、右写真のように早いうちに摘心してしまいます。

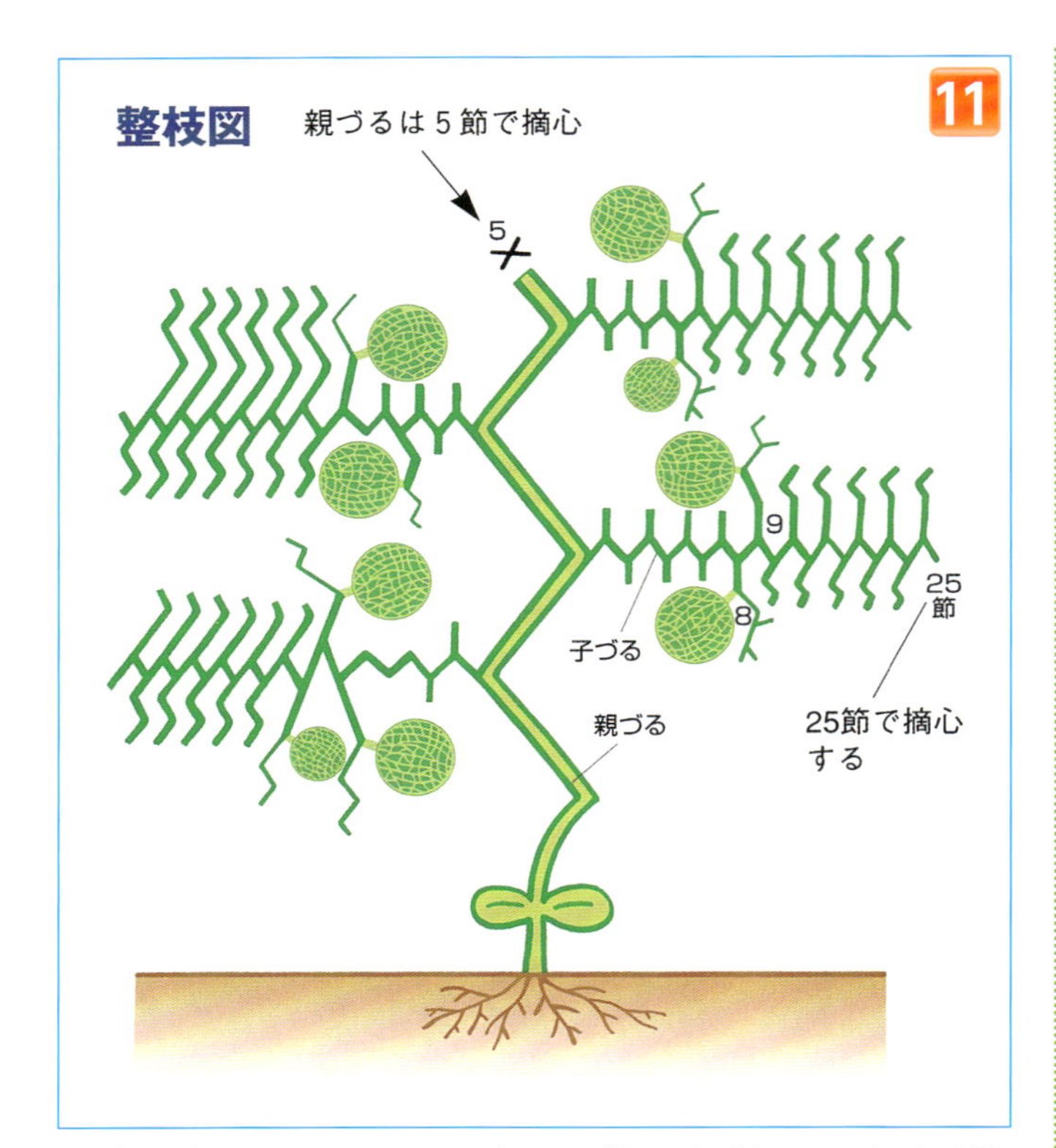

着果数は1子づる2～3個で1株10個程。これ以上だと糖度がのらないので、数を確保したらあとの果実は確実にとってしまいます（摘果）。着果した孫づるは葉2枚をつけ、つるの先端を摘みます（摘心）。

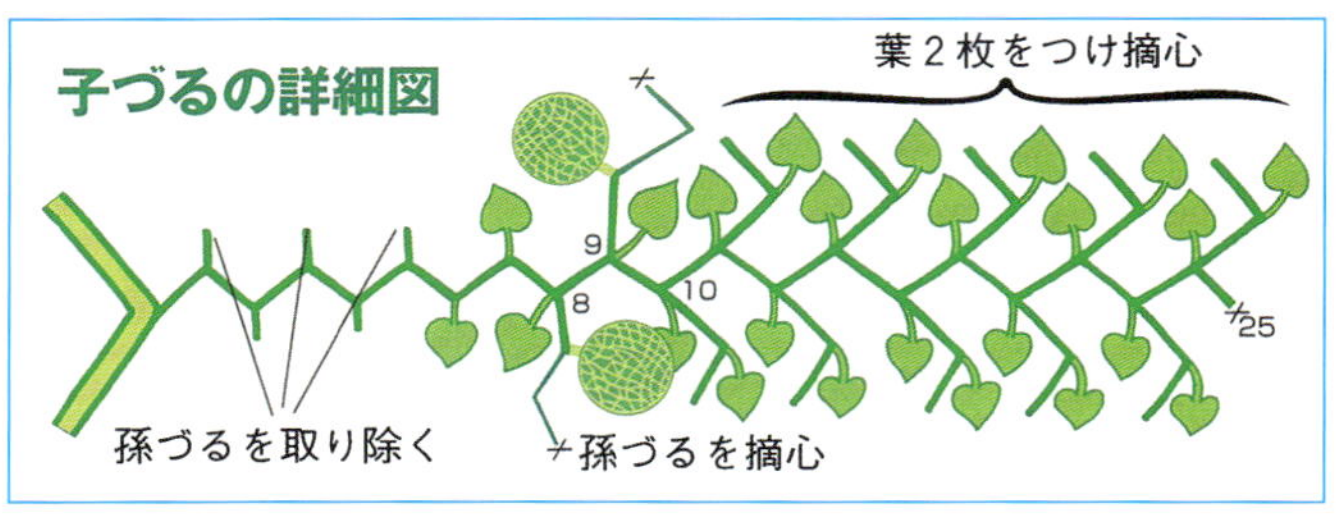

子づるの8節前後から発生する孫づるに着果させます。このため5節までの孫づるは早めに取り除きます。

写真10のように摘心したら、子づる3～4本を両側に、Y字ないしX字形になるよう、均等に配置します。右の写真は3本仕立てに整枝したものです。

13

メロンは親づるより子づる、子づるより孫づるに実がなりやすい性質があります。マクワ形メロンは、子づる7節目以下の孫づるに成る果実は、小さく扁平型となり、子づる10節以降の孫づるに成る果実は糖度が低いという欠点があるので、余分な孫づるはとります。この写真で手前にのびているのが子づるです。ここでは子づるの5節以下から出る孫づるを切っています。

14

子づるは25節で摘心します。畝幅が2m程なので葉数25枚程で通路に届いてしまいます。25枚程の葉で3個程の果実を育てることができるので、そこで切ります。

15

敷きわら、追肥（6/1～20）

着果したら「すぐ効く追肥専用」を1平方m当たり20g程つる先に施し、耕したあと敷きわらをします。2回目以降は草勢を見て行います。肥料のやりすぎはツルボケになりやすいので控え気味にします。追肥と同時に中耕、除草、敷きわらをします。

16

着果後15～20日の間に台座かわらを敷くと裂果しにくくなります。また孫づるを摘心しても、次々とわきからつるが発生してくるので、見逃さず早めに切ります（右写真）。

17

マクワ型メロン（プリンスメロンなど）はほとんど自然受粉しますが、ネット型メロンは晴天日の午前9時過ぎに人工受粉します。方法は雄花をとって雌花の柱頭に軽くこすりつけます。開花後40～45日程で収穫適期となります。

18

果実の肥大は、開花後10日目あたりからの20日間で急速に進みます。この時期は、最も水分を必要とします。

この時期は梅雨時に当たりますが、空梅雨で土壌水分が不足したりすると肥大が進まないので、十分かん水するよう心がけてください。

逆に雨が多いと病害虫の発生が多くなるうえ、水分の過剰吸収が裂果の原因となりますので、病害虫防除や排水対策に努めます。

19

収穫（7/10～25）

収穫適期の判定基準は①結果枝の葉が黄化する②果皮の産毛がなくなる③へたの周囲に離層が入る（写真）④着生節の巻きひげが半分以上黄化する等がありますが、試し採りをして確かめる必要があります。朝涼しいうちに収穫します。

病害虫対策

〔4月上旬〕定植時**ネキリムシ**対策としてダイアジノン粒剤を1平方m当たり5g程〔5月中旬〕**斑点細菌病**対策としてキノンドー水和剤40を800倍〔5月下旬〕**つる枯病**対策としてトップジンM水和剤2000倍液〔6月中旬〕**つる枯病うどんこ病**対策としてダコニール1000を1000倍〔7月上旬〕**うどんこ病アブラムシ**対策としてベルクートフロアブル1000倍とマラソン乳剤2000倍を混合〔7月中旬〕**つる枯病ハダニ**対策としてアミスター20フロアブル2000倍とスターマイトフロアブル2000倍を混合

作りやすく食味、栄養とも優れた家庭菜園の代表格

コマツナ 畑

ポイント
- 生育適温15～25℃でやや冷涼な気候を好む
- 春と秋の栽培に適する
- 土壌適応性は広いが連作障害がある
- 酸性（pH5.5以下）には比較的強い
- **「楽天」「みなみ」**が作りやすい

作業の目安時期

	は種準備	は種	間引き・追肥	収穫
春まき	4月 1日～10日	4月 10日～20日	4月20日～5月20日	5月31日～6月20日
秋まき	9月 1日～5日	9月 10日～15日	9月15日～10月20日	10月20日～11月5日

1 は種準備（4／1～10、9／1～5）

連作障害があるためアブラナ科の野菜（ハクサイ、ダイコン、キャベツ、カブ、チンゲンサイ等）の後は3年以上避けます。

は種10日程前に1平方m当たりみのり堆肥VSを2kg程、苦土石灰80g程を施し、耕しておきます。

基肥として7日程前に1平方m当たり「葉菜専用」100g程を施し、耕しておきます。

2

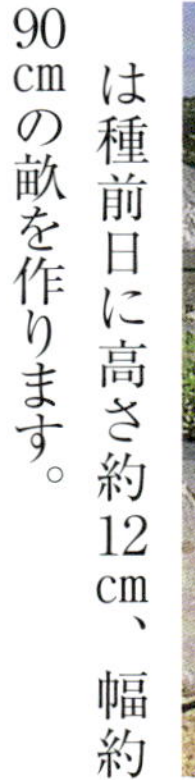

は種前日に高さ約12cm、幅約90cmの畝を作ります。

は種（4／10～20、9／10～15）

3

春は地温が14度を超えないと発芽しないので、急がないようにします。早くまきたいときはポリエチレンでマルチをしておくとよいでしょう。まずは木の棒でまき床を均等にならします。

4

次に棒を使いまき筋を付けます。

5

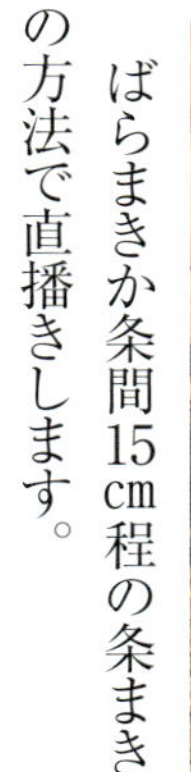

ばらまきか条間15cm程の条まきの方法で直播きします。

6

覆土の厚さは0.5cm程で、まいた後、軽く上から押さえます（鎮圧）。このあとたっぷりとかん水してマルチをかけておくと、保湿・保温の効果があり発芽が揃います。

間引き、追肥

（4/20～5/20、9/15～10/20）

1回目は本葉2～3枚時、株間2～3cmにします。秋はこのとき「すぐ効く追肥専用」を1平方m当たり20g程条間や株間に施します。

ある程度大きくなったら、間引きし、そのつど食べるとよいでしょう。生育後半に肥料が切れたら液肥500倍を使います。追肥時に薄く耕し、中耕のうえ、土寄せします。春は生育期間が短いので追肥はしません。

コマツナは春から連続して栽培できます。夏は寒冷紗（かんれいしゃ）をかけると、光をやわらげ、育てやすくなります。

収穫

（5/31～6/20、10/20～11/5）

草丈が25cm程で収穫します。株を地際から切り取り、古葉、傷葉などを取り除き、本葉4～5枚にして束ねます。収穫までの日数は高温時で20～30日、低温時で50～60日を目安とします。

病害虫対策と注意点

害虫では**アブラムシ**、**アオムシ**、**キスジノミハムシ**、**コナガ**などが発生しますが、高温時で生育期間の短い場合は、使用できる農薬が限られます。使用方法に注意して使ってください。なお、農薬の散布は発生初期、幼虫が小さいときに行います。

秋まきより春まきのほうが、病害虫が発生しやすいといえます。5～7月、9～11月にかけて多湿だと**白サビ病**が発生しやすくなります。被害にあった株を土中に埋めるか焼却します。**炭疽病**（たんそ）は5～7月、9～10月に多く見られます。被害葉は焼却します。

品種を選んで1年中収穫を続けることも可能です。

「楽天」…草勢強く、耐暑・耐寒性、耐病性にすぐれ、周年にわたって安定した栽培ができます。

「みなみ」…萎黄病に強く耐暑性、耐寒性ともあるので、春と秋まきの露地栽培に向きます。

パジャマ姿でベランダの青物を収穫し、すぐ朝食に

コマツナ プランター

ポイント
- 生育適温15~25℃でやや冷涼な気候を好む
- 春と秋の栽培に適する
- 酸性（pH5.5以下）には比較的強い
- **「楽天」「みなみ」**が作りやすい

作業の目安時期

	用土作り	は種	間引き・追肥	収穫
春まき	4月1日~10日	4月10日~20日	4月20日~5月20日	5月31日~6月20日
秋まき	9月1日~5日	9月10日~15日	9月15日~10月20日	10月20日~11月5日

1 用土作り（4/1~10、9/1~5）

は種10日前に鉢土用土10ℓ当たり苦土石灰10g程、みのり堆肥VS3ℓ強を調合してポリエチレンなどで用土をおおいます。7日程前、「葉菜専用」を5g程/10ℓ施し調合し湿らせておきます。前日、プランターに用土を入れます。底のほうに排水をよくするため、粗めの用土を入れ上部に2cm程のウオータースペースを確保し、液肥500倍でかん水し、ポリエチレンなどでマルチをしておきます。

2 は種（4/10~20、9/10~15）

春は、地温が14度を超えないと発芽しないので、まき急がないようにします。早くまきたいときはポリエチレンでマルチをしておきます。は種方法はばらまきか条間9cm程の条まきです。覆土の厚さは0.5cm程で軽く鎮圧し、たっぷりかん水します。

3 間引き・追肥（4/20~5/20、9/15~10/20）

1回目は本葉2~3枚時、株間2~3cmにします。秋はこのとき「すぐ効く追肥専用」を1g程、条間や株間に施します。

4

間引きの要領は、葉が重ならないようにすることです。生育後半に肥料が切れたら液肥300倍液を使います。追肥時に薄く耕し、中耕のうえ、土寄せします。春は生育期間が短いので追肥は必要ありません。

5 収穫（5/31~6/20、10/20~11/5）

草丈25cm程で収穫します。株を地際から切り取り、古葉、傷葉などを取り除き、本葉4~5枚のものを食べます。収穫までの日数は高温時で20~30日、低温時で50~60日を目安とします。

メモ

コマツナは日向（ひなた）でも日陰でも育てられ、マンションのベランダなどで楽しむのに適した作物です。土が乾くと枯れやすくなりますので、朝夕の水やりを忘れないようにします。**シロナ**、**タカナ**、**チンゲンサイ**、**タアサイ**などの育て方はコマツナとほぼ同じです。

自家製の菜っ葉には特別な「元気のもと」が

ビタミンナ、ツマミナ、ベンリナ

プランター

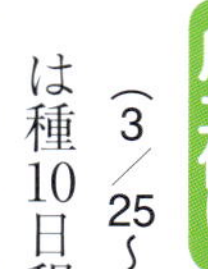

ポイント
- 生育適温15～25℃でやや冷涼な気候を好む
- 春と秋の栽培に適する
- 土壌適応性は広いが有機質の多い土を好む
- 酸性（pH5.5以下）に比較的強い
- 栽培法はコマツナとほぼ同じ

作業の目安時期	用土作り	は種	間引き・追肥	収穫
春まき	3月25日～4月5日	4月5日～15日	4月15日～	5月31日～6月20日
秋まき	8月25日～9月25日	9月5日～10月5日	9月15日～	10月20日～11月25日

用土作り（3/25～4/5、8/25～9/25）

は種10日程前に鉢土用土10ℓ当たり苦土石灰10g程、みのり堆肥VS3ℓ強を調合してポリエチレンなどで覆い湿らせておきます。7日程前、「葉菜専用」を5g程/10ℓ施し調合します。前日底のほうに排水をよくするため粗めの用土を入れ、上部に2cm程のウオータースペースを確保して用土を入れ、液肥500倍でかん水し、マルチをかけておきます。

は種（4/5～15、9/5～10/5）

春は地温が14度を超えないと発芽しないので、まき急がないことです。早くまきたいときは透明マルチをしておくとよいでしょう。

は種方法は、ばらまきか条間9cm程の条まきにします。条まきの場合は板などを使い、まき溝を作ってからまくと作業がしやすくなります。ばらまき（写真）は均一で、うすくまくよう心掛けます。

覆土の厚さは0・5cm程で、適当な板などを使い軽く押さえます。この後、たっぷりかん水します。発芽したら、サァーとかん水し徒長を防ぎます。

間引き、追肥（4/15～、9/15～）

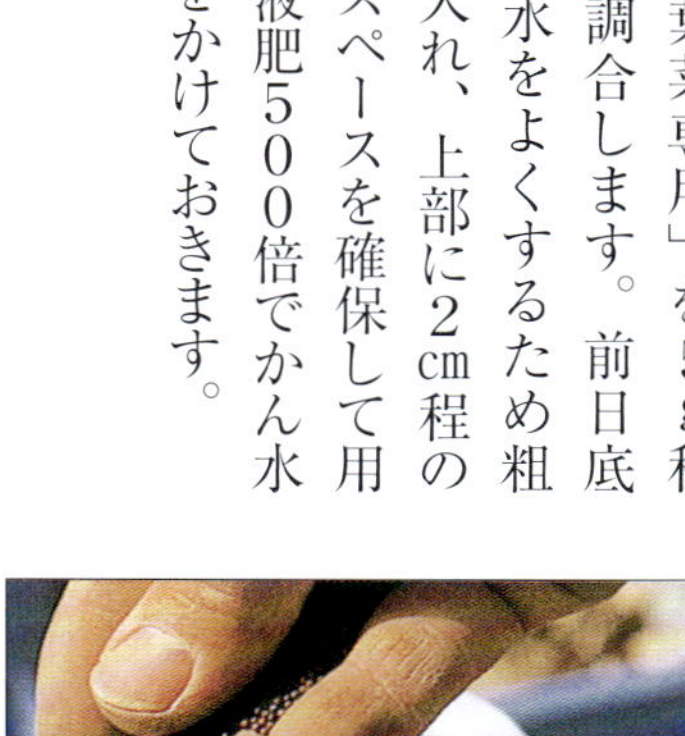

1回目本葉2～3枚時、株間2～3cmにします。秋はこのとき「すぐ効く追肥専用」を1g程、条間や株間に施します。生育後半に肥料が切れたら液肥300倍を与えます。追肥時に薄く耕し、中耕のうえ、土寄せします。春は生育期間が短いので追肥は必要ありません。

収穫（5/31～6/20、10/20～11/25）

草丈25cm程で収穫します。株を地際から切り取り、本葉4～5枚のものを食べます。収穫までの日数は高温時で50～60日、低温時で20～30日が目安です。ツマミナは成長が早いので早めに収穫します。

見た目は良くならなくてもとりたての香りが魅力

ゴボウ 畑

ポイント
- 生育適温20～25℃で強光を好む
- 栽培期間が長い
- 根長が1m前後になるので深い耕土を確保する
- 酸性に弱いので、pH6.5～7.5程度に中和する
- **「サラダむすめ」**が作りやすい

作業の目安時期

は種準備	は種	間引き・土寄せ・追肥	収穫
4月10日→30日	4月20日→5月10日	5月20日→	10月20日→11月30日

は種準備 (4/10～30)

連作をさけ、は種10日前に1平方m当たりみのり堆肥VSを2kg程、苦土石灰を170g程施し、できるだけ深く耕しておきます。完熟堆肥が未熟だと「また根」の原因となります。は種7日程前、「根菜専用」を1平方m当たり100g程施してできるだけ深く耕しておきます。前日、耕土の深さを80cm確保するため高さ30cm以上幅80cm程の畝をつくります。

は種 (4/20～5/10)

地温が15度を超えないと発芽しないので、まき急ぎません。地温を確保したいときは透明マルチをしておくとよいでしょう。条間9cm程の2条に株間8～10cm、1穴5～6粒の点まきとします。発芽には光が必要な好光性種子なので、覆土材料はもみがらや川砂が適します。覆土は薄く、厚さ0.5cm程にします。その後たっぷりかん水し透明マルチをします。

間引き、追肥 (5/20～)

1回目は本葉3～4枚時、株間2～3cmにします。このとき1平方m当たり「すぐ効く追肥専用」を30g程条間に施します。

間引き、追肥にあわせて**除草**、**中耕**を行い、薄く**土寄せ**します。

2回目の間引き、追肥は本葉8～9枚時、3回目は本葉14～15枚時に同じく行います。生育後半に肥料切れすると、「ス」入りを誘発しますので適宜、液肥500倍で調整します。

収穫 (10/20～11/30)

は種後120日頃から収穫が可能です（根の直径が1cm程の若ゴボウとして）。収穫が遅れると「ス」が入りやすくなるので、適期収穫をこころがけます。

Q&A 1

Q1 畑を借りましたが、少し深く掘ると粘土状の土が出てきました。いわゆる土の良くない畑ですが、こんな畑でも深く耕したほうがよいのでしょうか。

A　程度によりますが深く耕したほうが良いと思います。粘土の層まで深く耕すことによって排水性が良くなり、通気性もよくなります。また地温も上昇します。作る野菜は多湿に強いものを選んでください。秋野菜の項を参考にしてください。

Q2 天地返しはクワでするのですか、スコップでですか。

A　スコップです。先の尖ったケンスコというものが良いと思います。天地返しは、通気性、排水性がよくなり土の若返りになります。連作障害の予防や過剰施肥の際に効果があります。クワは耕起をするときや、整地をするときに使います。

Q3 日当たりの悪いうちの庭でもできる野菜は？

A　弱い光を好むものを作ります。夏野菜はできても質が良くないと思います。秋野菜の項を参考にしてください。

Q4 土壌が酸性かどうか判断するためのpH（ペーハー）は素人でも調べられるのですか。

A　調べられます。土壌酸度計というものが園芸店に5000円程で市販されていますので、簡単に調べることができます。

Q5 良い土とはどんな状態ですか。悪い土を良い土に変える方法はありますか。

A　気体と液体と固体の部分が1：1：1とバランスがとれておりpH6・5程の弱酸性、無病で栄養バランスがとれており腐植や有用微生物を多く含んでいる壌土といえるでしょう。このような土の構造は団粒構造で性質は排水性、保水性、通気性、保肥性、化学性、生物性の全てが良いのです。簡単に見分ける方法は湿った土を軽く握り手を開いた時は崩れないで、軽く触れたら崩れるといった土になります。改良方法はそのときの状態によって違います。プランター用土作り、は種準備、肥料、完熟堆肥作り、病害虫防除の項を参考にしてください。

Q6 本書に書いてある肥料が近くのホームセンターには置いてありません。窒素・燐酸・加里のパーセントの似たものを買って代用しましたが、注意点は？

A　代用してもほぼ問題ありません。袋に肥料の性質が書いてありますのでまずそれを読んで、自分の使用目的にあったものを買い求めてください。105～107ページを参考にしてください。

Q7 基肥の全面散布とは通路にするつもりの所も含むのですか。もったいない気がします。

A　全面散布の特徴は、作業性にあります。労を惜しまないで肥料を惜しむ場合は作条散布をお勧めします。また保肥性の優れた土で、緩効性（ゆっくり効く）の肥料を散布した場合は畝に蓄えられ、それ程無駄にはなりません。

Q8 私は石灰をまいたあと、は種のときは植え穴を掘って、窒素・燐酸・加里のパーセントが10・10・10の化成肥料と油粕を一握りずつ入れて、その上に（直接根に肥料が当たらないように）土を入れ、は種をしています。

A　手順は問題ありません。問題は作る野菜と時期と量です。この方法に適するのはナス・ピーマンくらいです。トマトは窒素過多でツルぼけを起こすでしょう。キュウリは肥え当たりを起こすでしょう。イチゴ、ネギも肥料に弱いので不適です。根菜類は窒素過多になり、葉菜類では無駄が多すぎます。は種準備、肥料の項を参考にしてください。

Q9 牛糞きゅう肥を下のほうにたっぷり施したら茎葉が変形しました。

A　野菜が何かわかりませんが、一般的に考えられることは、未熟なものであったためのガス障害が考えられます。大量施用の場合も障害が出ます。完熟したものを野菜に合わせて適正な量を使用してください。

Q10 化成肥料ばかり使用して日本の耕地はカチカチだと本で読みましたがどうなのですか。

A　否定はできません。耕地の砂漠化といわれるもので、ハウスなどの施設園芸で塩類が集積し栽培が困難になってきている現状があります。化成肥料の使いすぎが主な原因といわれていますが、肥料を昔のように下肥（人糞）などの有機肥料だけにたよると仮定した場合、今の日本人の胃袋を満足させるだけの量はとうてい生産できません。私は化成肥料による問題の本当の原因は、食べ物を大切にしない日本の飽食の食生活であると思っています。

Q11 化成肥料はやめて全部有機肥料でやってみたいのですが。

A　可能だと思います。明治以前の農業に化成肥料はありませんでした。ただ百姓といわれる農業に携わる人がほとんどでした。量と時間と労力が相当必要です。完熟堆肥作りの項を参考にしてください。

Q12 完熟堆肥はどこで売っていますか。また6m四方の家の畑に完熟堆肥を施すと購入価格はいくらですか。

A　ピートモス、バーク堆肥、腐葉土等が一般的です。私の利用している園芸店のひとつではみのり堆肥VSやいくつかの完熟堆肥を扱っていますが、近くの園芸店でも扱っていると思いますので相談してください。この質問の面積36㎡にみのり堆肥VSを5袋使用しますと単価700円で3500円となります。

Q13 追肥が面倒なので基肥を多くしましたが、葉枯れが多く発生しました。

A　野菜が何かわかりませんが、当然です。肥料は野菜に合わせて適正な量を適期に施すもので、人間本位のものではありません。基肥として全量施すことができるのは燐酸肥料だけです。肥料の項を参考にしてください。

Q14 白マルチをするように書いてありましたが、安い黒マルチで代用してもいいのでしょうか。

A　白と黒は違います。白は透明で主に地温上昇、黒は雑草防止が主な目的です。それぞれ特徴があるわけですから代用はできません。黒は日射でフィルムが熱くなり、定植間もない野菜が焼ける危険性があります。これを防ぐ工夫、たとえば黒マルチの上に草やわらをかけたりして、フィルムの温度上昇を抑えることができればよいと思います。ただこのようにしても、白マルチのような地温上昇はほとんど期待できません。

Q15 株元ぎりぎりまでマルチをかけたが、それでよいのですか？

A　それでもよいと思います。ただ株元への高温ガスが生じたり、株元からかん水や液肥を施すことがあるのである程度あける方が良いと思います。

Q16 マルチの押さえに土を使ったのですが。

A　土を使って結構です。その方が収穫後整理する時や再利用する場合に有効です。ただ強風で飛ばれないよう、たるみやすき間を作らず、土の量をむらがないようにおくなど工夫が求められます。ただ泥はねによる汚染は避けられません。

Q17 もったいないのでマルチを2年連続して使いたいのですが。

A　使ってください。産業廃棄物になりますので、できる限り有効に使ってください。穴のあいた部分を補って2枚重ねることにより使えると思います。また畦や通路の雑草防止用に古いものを使っていけば3年は使えます。

Q18 苗を買ってきたら根が伸びすぎてポットの中で巻いていました。根を切ってはいけないと思いそのままそっと植えたら、生育がよくありません。

A　ポットの中で根がいっぱいになり固まってしまうと新しい根が出にくくなり生育が悪くなります。このようなときは根鉢を軽くほぐしてから植えます。逆に根が鉢にまだ広がってない場合は根鉢を崩さないようにします。

Q19 「深植え禁止」と言われますがどれくらいが深植えなのですか。またそれはなぜですか。

A　野菜によっても違いますが、根鉢の地際部分と定植畝の地表面の高さが同じレベルの定植が標準植。根鉢部分が高ければ浅植え、低ければ深植えとなります。一般的に深植えは株元に水がたまり乾燥しにくいため地温が上がりにくく、病害虫を引き込みやすくなります。特にウリ類は絶対禁止です。浅植えにしこまめに活着までかん水してください。

Q20 かん水の手間が省けると思い、雨降りに植えつけをしたら、初期成育が悪く結局失敗してしまいました。

A　当然です。ぬれた植物は傷みやすく、病気にも弱い状態です。また土は水分過剰の状態で作業をするのですから、土をこねるのと同じで壁土のようになります。これではいくら良い土でもすぐに通気性、排水性のない土になってしまいます。植えるときは温暖無風の日の夕方が良いことを念頭においてください。

Q21 トマトの苗を植えました。とりあえずは1m程の支柱を立て、成長したらより長い支柱に替えようかと思いますがだめでしょうか。

A　間に合わせは間に合わせでしかなく、本物ではありません。備えあれば憂いなし。将来を見据えて準備しましょう。トマトの生育途中での支柱替えは茎が折れないよう気を付け、葉は果実に気を配りながらしなければなりませんので大変手間がかかります。大きさにもよりますが、1人では無理でしょう。

Q22 最近無農薬という言葉を聞きます。ズバリお聞きしますが無農薬は可能なのでしょうか。

A　人間に薬が必要なように、野菜に農薬は必要です。ただ使う量と使い方を正しくしなければなりません。無農薬が可能かどうかは、野菜に害虫がついていれば毒味済みで安全と思えるか、また病気以外のところを健全と思いその部分を食べても安全と思えるかどうかにかかっていると思います。

おすすめの品種一覧

夏野菜

トマト	瑞栄、桃太郎 8、桃太郎ファイト、りんか 409、サンロード
ミニトマト	千果、キャロル 10、アイコ
ナス	千両 2 号、加賀へた紫、みず茄
ピーマン	京みどり、京波
トウガラシ	剣崎長ナンバ、鷹の爪
オクラ	アーリーファイブ（五角）、エメラルド（丸さや）
キュウリ	夏すずみ、ずーっととれる、四葉
トウモロコシ（スイートコーン）	ゴールドラッシュネオ（黄）、ピュアホワイト（白）、キャンベラ、おおもの
ジャガイモ	男爵、メークィーン、キタアカリ
パセリ	カーリ・パラマウント、モスカールド
サツマイモ	高系 14 号、ベニアズマ
サトイモ	石川早生、愛知早生
カボチャ	えびす、打木赤皮甘栗、メルヘン、坊ちゃん
エダマメ	湯上り娘、快豆黒頭巾、たんくろう、富貴、おつな姫
インゲン	ケンタッキー KB（つる有）、初みどり 2 号（つる無）、つるなしサクサク（つる無）、王子、ケンタッキー 101（つる有）
シソ	赤シソ、青シソ
スイカ	祭りばやし、紅こだま、紅まくら、カメハメハ
メロン	プリンス、アムス
コマツナ	楽天、みなみ、なかまち、菜々音
ゴボウ	サラダむすめ、ダイエット
ニラ	広巾ニラ、大葉ニラグリーンロード
ズッキーニ	ダイナー
ゴーヤ	島サンゴ

秋野菜

キャベツ	〔夏まき〕おきな、とくみつ、初秋、〔春まき〕春波、彩峰、彩里
ダイコン	〔夏まき〕耐病総太り、打木源助、〔春まき〕春の宝、春神楽、藤風
ハクサイ	〔夏まき〕黄ごころシリーズ、加賀結球白菜、〔春まき〕CR お黄にいり、無双
芽キャベツ	早生子持
レタス	〔玉レタス〕シスコ、サウザー〔リーフレタス〕レッドファイヤー、ウィザード
ネギ	石倉一本太ねぎ、ホワイトスター、夏扇パワー
ブロッコリー	シャスター、ピクセル、ハイツ SP、緑嶺、スティックセニョール
カリフラワー	スノークラウン、美星
カブ	耐病ひかり、長岡交配早生大蕪、スワン、中カブ玉波
小カブ	金町小蕪、あやめ雪
シュンギク	きわめ中葉、大葉春菊、中葉春菊
ホウレンソウ	弁天丸、まほろば、次郎丸、オーライ
ニンジン	向陽 2 号、時なし 5 寸、ピッコロ、ベーターリッチ
ハツカダイコン	コメット、レッドチャイム、紅白
サラダナ	サマーグリーン（高温時）、ウェアヘッド、岡山サラダ菜
イチゴ	宝交早生
ニンニク	ホワイト 6 片
ソラマメ	打越一寸、仁徳一寸
タマネギ	O・K 黄、もみじ、猩々赤
エンドウ	三十日絹莢、久留米豊、スナック、成駒三十日、ウスイ

1　夏越しの野菜

ナス、オクラ、トマト、ミニトマト、ピーマン、サツマイモ、サトイモ、ゴボウ、ネギ、ニラ、パセリ

2　夏から秋の野菜

ニンジン、キャベツ、芽キャベツ、ブロッコリー、カリフラワー、レタス、ダイコン、カブ、コカブ、ハツカダイコン、ハクサイ、コマツナ、ツマミナ、シュンギク、ホウレンソウ、サラダナ

3　秋から冬越しの野菜

イチゴ、ニンニク、タマネギ、ソラマメ、エンドウ

ずっしり手ごたえ。まずは夏まきを作ってみて

キャベツ 畑

ポイント

- 生育適温15～25℃でやや冷涼な気候を好む
- 春と秋の栽培に適する
- 土壌適応性が広いが連作障害がある
- やや酸性（pH6.0～6.5）を好み、酸性（pH5.5以下）で根こぶ病が発生しやすくなる
- 夏まき秋どりが作りやすい
- **「おきな」「春波」**などが作りやすい

作業の目安時期

	育苗準備	は種	育苗	定植準備	定植	収穫
夏まき	7月15日～25日	7月20日～31日	7月25日～8月20日	8月10日～20日	8月20日～25日	10月20日～11月20日
春まき	3月20日～4月5日	3月25日～4月10日	4月1日～20日	4月15日～20日	4月20日～30日	6月25日～7月15日

1 育苗準備（7／15～25、3／20～4／5）

は種5日程前、市販の種まき培土20ℓに対し水1ℓを加え、かき混ぜて空気を入れ通気性を良くします。このことによって発芽、発根が良くなります。乾いた培土をそのままトレイに入れると培土がかたくしまってしまうため、通気性が悪くなって根浮きや発芽不良を引き起こしやすくなります。

調整した培土はポリ袋等に入れ、密閉し湿気を保ちます。は種前に72穴のセルトレイに培土を入れ、板等で表面をすりきり平らにします。（113ページ参照）

2 は種（7／20～31、3／25～4／10）

割りばし等でセルの中央に軽く穴をあけ、1セルに3粒程まきます。まいた後、0.5cm程の厚さで、夏はもみがら、春は残りの培土を使い覆土します。板等で鎮圧後、ゆっくり均一にかん水します。春は透明ポリ、夏は新聞紙か古ハンカチなどをかけ、適湿適温保持を心掛けます。播種後4～5日で発芽。発芽時には徒長防止のため芽が土から顔を出しかかったら早めに夏は冷水を、春は被覆物をとり、かん水します。（113～116ページ参照）

3 育苗（7／25～8／20、4／1～20）

発芽後は本葉1枚まで、夏は毎日1回朝涼しいうちにたっぷりかん水。1回目の間引きは、本葉1枚までに株間1～2cm、2回目は本葉2枚時に株間4～5cmとし、本葉3～4枚の苗に仕上げます。

定植準備は定植10日前、1平方m当たり苦土石灰を120g程施して耕し、7日程前、「葉菜専用」を1平方m当たり150g程施し耕します。前日、高さ15cm、幅75cm程の畝をつくり、根瘤病対策にネビジン粉剤を1平方m当たり2g程施し混和します。

4 定植（8／20～25、4／20～30）

本葉4～5枚時、株間35cm程で植えます。定植後オルトラン粒剤を1株当たり1g程株元に与えるとアブラムシ・ヨトウムシの防除に効果があります。活着までかん水しますが過湿に弱いので表面排水につとめます。夏は白黒マルチの白を表に、春は黒を表にして使うと生育が良好です。

5 追肥、土寄せ（8月下旬～10月上旬、5月上旬～6月上旬）

1回目は定植7～10日後、活着しだい「すぐ効く追肥専用」を1平方m当たり30g程条間に、マルチの場合は液肥500倍を株回りに与えます。2回目は、結球開始直前に1平方m当たり同40g程を畝肩に、マルチの場合はマルチの下にやや少なくして与えます。追肥時に薄く耕し、中耕、土寄せします。

6 収穫（10／20～11／20、6／25～7／15）

写真のように結球最外葉の葉縁がわずかに反転し結球表面のブルームが少なくなって、光沢を増した時期が目安となります。

深く耕したやわらかい土で。寒さがうまみを作る

ダイコン 畑

ポイント
- 生育適温20℃前後で、冷涼な気候を好む
- 春と秋の栽培に適する
- 土壌適応性が広く、耕土の深い保水力のある膨軟な土を好む
- 微酸性（pH6.8）〜酸性（pH5.0）を好む
- 夏まき秋どりが作りやすい
- **「耐病総太り」「春の宝」**などが作りやすい

作業の目安時期

	は種準備	は種	間引き・追肥・土寄せ	収穫
夏まき	8月10日〜31日	8月20日〜9月10日	9月15日〜10月10日	10月15日〜11月20日
春まき	4月10日〜30日	4月20日〜5月10日	5月10日〜6月20日	6月20日〜7月20日

1 は種準備（8/10〜31、4/10〜30）

は種10日程前に、苦土石灰を1平方m当たり100g程施し耕し、7日程前に、「根菜専用」を1平方m当たり60g程を施し耕した後、高さ18cm以上、幅120cm程の畝を作ります。この時ダイアジノン粒剤を1平方m当たり5g程散布しておくと、害虫の被害が少なくなります。夏は白黒マルチ、春は透明マルチをかけると初期生育がよくなります。

2 は種（8/20〜9/10、4/20〜5/10）

春は地温が10度を超えないと発芽しないので、急がないようにします。早くまきたい時はポリエチレンでマルチをしておき、10度以上になるよう工夫します。株間30cm程の2条まきにし、1カ所に5〜6粒まきます。覆土の厚さは0.5cm程で、まいた後、夏は切りわらか、もみがらをかけ、たっぷりかん水し、春はたっぷりかん水し、透明マルチをかけると発芽が揃いやすくなります。

3 間引き、追肥、土寄せ（9/15〜10/10、5/10〜6/20）

間引き前

間引き後

1回目は、本葉1枚までに発芽時から、混み合った所を中心に生育の悪いものや、葉色の濃いもの、薄いものを間引きします。1〜2cm程の株間を確保し、徒長しないように早めに行います。

4 2回目の間引き

は種後15日頃、本葉3〜4枚時に2本に仕立てます。この時、「すぐ効く追肥専用」を1平方m当たり20g程与え、軽く中耕のうえ土寄せします。

5 2回目の追肥（止め肥）

は種後25〜30日頃、1本に仕立てます。この時、「すぐ効く追肥専用」を1平方m当たり25g程与えます。遅れると根の肥大が悪く、曲がりの発生も多くなるので適期に与えます。マルチ栽培の場合は追肥、土寄せは必要ありません。

6 収穫（10/15〜11/20、6/20〜7/20）

夏まきは、は種後60日程、春まきは75日程で収穫適期を迎えます。とり遅れると「ス」入りしやすくなり、品質も低下します。

明治に中国から伝わる。結球成功までに先人の苦労大

ハクサイ 畑

ポイント

- 生育適温20℃前後で結球期は15℃程度の冷涼な気候を好む
- 夏まき秋どり栽培が作りやすい
- 土壌適応性が広く、耕土の深い肥沃な土を好む
- 微酸性（pH6.5〜7.0）を好み、酸性（pH5.5以下）で根こぶ病が発生しやすくなる
- 早くまき過ぎると軟腐病やウイルス病が発生しやすく、遅すぎると不結球や小玉になりやすい
- **「加賀結球白菜」「耐病65日白菜」「黄ごころシリーズ白菜」**などが作りやすい

作業の目安時期

作業	時期
育苗準備	8月10日→15日
は種	8月15日→20日
育苗	8月20日→31日
定植準備	8月15日→25日
定植	8月25日→9月5日
追肥	9月5日→10月10日
収穫	10月25日→11月25日

1 育苗準備（8／10〜15）

は種5日程前、市販の種まき培土20ℓに対し水1ℓを加え、かき混ぜて空気を入れ通気性を良くします。このことによって発芽、発根が良くなります。乾いた培土をそのままトレイに入れると培土がかたくしまってしまうため、通気性が悪くなって根浮きや発芽不良を引き起こしやすくなります。

調整した培土はポリ袋等に入れ、密閉し湿気を保ちます。は種前に72穴のセルトレイに培土を入れ、板等で表面をすりきり平らにします。（113〜116ページ参照）

2 は種（8／15〜20）

割りばし等でセルの中央に軽く穴をあけ、1セルに3粒程まきます。まいた後、0.5cm程の厚さで、もみがらを使い覆土します。板等で鎮圧後、トレイの穴から水が出るか出ないくらいの程度にジョウロのハスクチを上向きに使って、ゆっくり均一にかん水します。その後、新聞紙か古ハンカチなどをかけ、適湿適温保持を心掛けます。具体的には風通しをよくしたり、西日を避けたり、川面や川辺で管理したり遮光材を利用するなど、涼しい環境作りに努めます。

育苗（8／20〜31）は種後3〜4日で発芽します。発芽時は注意深く観察し、芽が顔をだしかかったら徒長防止のため早めに冷水をかん水します。

3

本葉1枚まで毎日1回、朝涼しいうちにたっぷりかん水し、夕方にはやや乾き気味になるよう心がけます。後半は、かん水を控えめにします。本葉1枚までに混み合った所を**間引き**、本葉1.5枚時には1本にし、本葉3〜4枚の苗に仕上げます。

4 定植準備（8／15〜8／25）

定植10日前、苦土石灰を1平方m当たり140g程施し、耕します。7日程前、「葉菜専用」を1平方m当たり120g程を施します。前日に高さ15cm、幅120cm程の畝をつくり、ネビジン粉剤を1平方m当たり20g程を施し混和します。白黒マルチの白を表にして利用すると栽培が楽です。

定植（8／25〜9／5）本葉4枚程で定植します。前日、液肥500倍でかん水しておきます。株間35cm程で浅植え。定植後、オルトラン粒剤を1g程株周りに与え、活着まではかん水します。

5 追肥（9／5〜10／10）

1回目…定植後15〜20日目に「すぐ効く追肥専用」を1平方m当たり30g株間に施します。マルチの場合は液肥500倍を株周りに与えます。**2回目**…結球開始期に1平方m当たり同40g程を畝肩に与えます。マルチの場合はマルチの下に量を減らして与えます。追肥が遅れると、結球がゆるく、大玉になりにくくなります。

6 収穫（10／25〜11／25）

結球最外葉の葉縁がわずかに反転し始め、上から見ると結球葉の内部がやや見える時期が目安となります。上からおさえると固い感じがするので確かめながら順次収穫します。貯蔵の場合は収穫後5日程陰干ししてから新聞紙で包み、ダンボール箱に入れ、冷暗所におきます。

子持ち甘藍（かんらん）とも言う。丸ごとゆでて栄養たっぷり

芽キャベツ 畑

ポイント

- 生育適温20℃前後で、冷涼な気候を好む
- 土壌適応性が広く、深く耕した保水力のある膨軟な土を好む
- やや酸性（pH6.0~6.5）を好み、酸性（pH5.5以下）で根こぶ病が発生しやすくなる
- 夏まき秋どりが作りやすい
- **「早生子持ち甘藍」**が作りやすい

作業の目安時期

作業	時期
育苗準備	7月1日～10日
は種	7月5日～15日
育苗	7月10日～8月20日
定植準備	8月5日～20日
定植	8月20日～31日
追肥	9月10日～10月10日
支柱立・葉かき	9月10日～10月20日
収穫	11月10日～12月10日

1 育苗準備（7／1～10）

は種5日程前、市販の種まき培土20ℓに対し水1ℓを加え、かき混ぜます。調整した培土はポリ袋等に入れ、密閉し湿気を保ちます。は種前に72穴のセルトレイに培土を入れ、板等で表面をすりきり平らにします。

は種（7／5～15）割りばし等でセルの中央に軽く穴をあけ、1セルに3粒程まきます。まいた後、0.5cm程の厚さで、もみがらを使い覆土します。板等で鎮圧後、ゆっくり均一にかん水します。その後、新聞紙か古ハンカチなどをかけます。（113～116ページ参照）

育苗（7／10～8／20）

は種後4～5日で発芽します。芽が土から顔を出しかかったら、冷水をかん水します。

育苗の後半（8／15～20）は、かん水を控えめにし、苗の硬化をはかります。1回目の間引きは本葉1枚までに行い、2回目は本葉2枚時に1本にします。定植までに本葉3～4枚、草丈8～12cmに仕上げます。

定植準備（8／5～20）

定植10日前、1平方m当たり苦土石灰を120g、みのり堆肥VS2kg程を施し、耕します。7日程前、1平方m当たり「葉菜専用」150g程を施します。前日、高さ15cm、幅70cm程の畝をつくり、フロンサイト粉剤を1平方m当たり3g程施し混和します。

2 定植（8／20～31）

本葉5枚程の時に株間45cm程で植えます。活着まではかん水し初期生育の確保につとめます。また、過湿に弱いので表面排水につとめます。白黒マルチの白を表にして使うと栽培しやすくなります。

3 追肥、土寄せ（9／10～10／10）

定植後7～10日目、活着次第、「すぐ効く追肥専用」を1平方m当たり30g程条間に施します。マルチの場合は液肥500倍を株元に与えます。2回目は10月10日頃に1平方m当たり同40g程を畝肩に与えます。マルチの場合はマルチの下に量を減らして与えます。追肥の時、薄く耕し、中耕のうえ土寄せします。

4 葉かき（9／10～10／20）

生育が進むと茎が長くなり倒れやすくなるので支柱をたてます。結球をはじめたら下葉から順次かきとって、最後は上部の葉10枚程残し養分を腋芽に集中させます。

5 収穫（11／10～12／10）

茎の下の方から結球しますが、ごく下のものはよい球にならないので早めに取り除きます。3cm程の大きさで、完全に球になったものから順次収穫していきます。寒さに強いので雪が降るまで収穫できます。

自家製ならではの甘みがはっきり分かる

レタス・リーフレタス　畑・プランター

ポイント
- 生育適温18℃前後で結球適温は13℃前後。冷涼な気候を好む
- 夏まき秋どり栽培が作りやすい
- 土は砂壌土から壌土が適し、排水性がよく、保水力のある膨軟な土を好む
- やや酸性（pH6.0～6.5）を好み、酸性（pH5.5以下）やアルカリ性（pH7.0以上）では生育が悪い
- レタスでは**「シスコ」「サウザー」**、リーフレタスでは**「レッドファイヤ」**が作りやすい

作業の目安時期

作業	時期
育苗準備	8月5日～10日
は種	8月10日～15日
育苗	8月15日～25日
定植準備	8月15日～20日
定植	8月25日～9月1日
追肥	9月15日～25日
収穫	10月15日～11月10日

1 育苗準備（8/5～10）

は種5日程前、市販の種まき培土20ℓに対し水1ℓを加え、かき混ぜて空気を入れ通気性を良くします。このことによって発芽、発根が良くなります。乾いた培土をそのままトレイに入れると培土がかたくしまってしまうため、通気性が悪くなって根浮きや発芽不良を引き起こしやすくなります。

調整した培土はポリ袋等に入れ、密閉し湿気を保ちます。は種前に128穴のセルトレイに培土を入れ、板等で表面をすりきり平らにします。

準備は車庫などの直射日光に当たらず、風通しの良い場所で準備すると良いと思います。

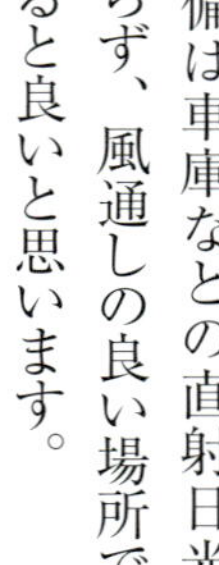

2 は種（8/10～15）

割りばし等でセルの中央に軽く穴をあけ、1セルに3粒程まきます。好光性種子なので、もみがらを使い0.2cmほどごく薄く覆土します。板等で鎮圧後、トレイの穴から水が出るか出ないくらいの程度にジョウロのハスクチを上向きに使って、ゆっくり均一にかん水します。その後、新聞紙か古ハンカチなどをかけ、適湿適温保持を心掛けます。（113～116ページ参照）

3 育苗（8/15～25）

は種後4～5日で発芽します。発芽時は徒長防止のため、芽が土から顔をだしかかったら早めに冷水をかん水し、日に当てます。発芽後は地表面が乾燥したら朝涼しいうちにかん水します。温度が上がってからのかん水は禁物。後半はかん水を控えめにして苗の硬化をはかります。

本葉1枚までに込み合った所を間引き、徒長しないように早めに行います。1回目の間引きは、本葉1・5枚時、間引いた苗は4号ビニールポット等に移植すると無駄がありません。

定植時までに本葉2・5～3枚、草丈5cm程の苗に仕上げます。右の写真はほぼ仕上がった苗です。

4 定植準備（8／15～20）

定植10日程前、畑に1平方m当たりみのり堆肥VSを2kg程、苦土石灰を120g程施し、耕しておきます。7日程前、基肥として1平方m当たり「葉菜専用」を120g程を施し耕します。定植前日に高さ15cm、幅1m程の畝をつくります。マルチは白黒マルチの白を表に使うと生育がよいです。

5 定植（8／25～9／1）

本葉3枚時までに定植します。株間30cm程の2条植えが栽培しやすいでしょう。定植時にダイアジノン粒剤を1平方m当たり6g程与えると、ネキリムシの防除に効果があります。高温で乾燥する時期なので活着まではかん水します。

6 追肥（9／15～25）

定植後20日程に「すぐ効く追肥専用」を1平方m当たり20g程条間に施します。マルチの場合は液肥500倍を株元に与えます。

7 収穫（10／15～11／10）

定植後50日前後が目安。80%程の結球状態が最も質がよく、堅くしまったものは葉色が薄れ、苦みが出るなど品質が低下するので、やや若どりを心がけます。外葉を2枚つけてとると鮮度は保たれやすくなります。結球が始まると寒さに弱くなるので、霜が降りるまでに収穫します。

プランター栽培

育苗までは畑栽培と同じ。プランターに用土を入れ3株定植します。追肥は定植後20日目くらいに「すぐ効く追肥専用」を1プランター当たり2g程株間に施します。収穫は畑と同じく定植後50日程が目安となります。用土の量は普通プランターで15ℓ程、大型は30ℓ程必要です。

サニーレタス

レタス

プランターでの完成

レタス栽培の注意点

レタスは生育初期には時々かん水し、乾燥しないようにしますが、本葉12～13枚になり結球が始まってからは、水分が多すぎると根腐れなどの生育障害が起こりやすいので排水をよくします。

油粕などの有機質肥料を使用すると**ナメクジ**が多発します。ナメクジはスラゴなどの駆除剤で対応します。

適切な土寄せで軟白部を長くするのがコツ

ネギ 畑

ポイント

- 生育適温15～20℃で、冷涼な気候を好み耐寒性が強い
- 土壌適応性が広く、耕土が深く排水性のある膨軟な土を好む
- アルカリ性（pH7.4）～やや酸性（pH6.5）を好む
- 乾燥に強いが、加湿による酸素不足には弱い
- 春まき秋冬どりで**「石倉一本太ねぎ」、「ホワイトスター」**が作りやすい

作業の目安時期

作業	時期
は種準備	3月25日～4月5日
は種	4月5日～4月15日
育苗	4月20日～6月15日
定植準備	6月10日～6月20日
定植	6月20日～6月30日
土入れ・植え溝ふさぎ	7月1日～7月15日
追肥・土寄せ	8月1日～10月10日
収穫	11月15日～12月20日

1 は種準備（3/25～4/5）

は種10日程前に、1平方m当たりみのり堆肥VSを2kg程、苦土石灰70g程を施し、耕しておきます。7日程前、1平方m当たり「根菜専用」を50g程施し、耕した後、高さ12cm以上、幅90cm程の畝を作ります。透明マルチをかけておくと地温確保、適湿保持がしやすくなります。

2 は種（4/5～15）

春は地温が10度を超えないと発芽しないので、急ぎません。早くまきたい時はポリエチレンでマルチをしておき、10度以上を確保します。まき方はばらまきでうすく均一になるようにします。覆土の厚さは0・4cm程で、まいた後、切りわらかもみがらをかけ、たっぷりかん水します。その後、透明マルチをかけると発芽が揃いやすくなります。

3 育苗（4/20～6/15）

は種後7～10日で発芽します。草丈10cm程のとき、1・5cm程の間隔を確保するように間引き、液肥500倍を与えます。品種にこだわらず少量の場合は市販の苗を求める方がよいでしょう。

4 定植準備（6/10～20）

定植10日程前に、1平方m当たりみのり堆肥VSを2kg程、苦土石灰を100g程施し、7日程前に1平方m当たり「根菜専用」を100g程散布して耕し、定植前日に畝幅90～100cm、深さ15cm以上の植え溝を掘ります。

5 定植（6/20～30）

苗床から苗を取り、大中小に分け植えます。小の苗から太くて大きいものはできないのでなるべく避けます。植え溝の片側に、苗を真っすぐに立てて並べ、根もとに5cm程土をかけます。この後フォース粒剤を1平方m当たり5g程与え、完熟堆肥を施すと害虫駆除、乾燥、倒伏防止に効果があります。

6 追肥、土入れ、植え溝ふさぎ（7/1～15）

茎の太さが8mm程のとき、「葉菜専用」を1平方m当たり10g程溝の全面に施しかるく耕して、葉身の分岐点を超えないように根もとに5cm程の土をかけます。これで倒伏を防止し根の生育を促進します。同時にアルバリン粒剤を1平方m当たり5g程与えると害虫駆除に効果があります。この後、葉身の分岐点を越えない範囲で梅雨あけの豪雨までに植え溝をふさぎ水平に近づけます。

〈ネギの土入れ、土寄せ〉

定植時 → 土入れ1回目 → 土入れ2回目（溝ふさぎ） → 土寄せ1回目 → 最終土寄せ

7

追肥、土寄せ（8／1～10／10）

1回目は溝ふさぎ後、20日程たって茎の太さが12㎜程の時、「根菜専用」を1平方m当たり30g程溝の全面に施し軽く耕して、葉身の分岐点を越えない範囲で5cm程土寄せします。作業は朝涼しいうちに軽く耕し、夕方土寄せすると負担が少なく雑草駆除に効果的です。

8

2回目…1回目の20日程後、茎の太さ約18㎜の時、「根菜専用」を1平方m当たり40g程与え、土寄せします。肥やけを起こしやすいので、多量の肥料が根もとへいかないよう気をつけます。

9

3回目…2回目の20日程後からは収穫時期を考えて、計画を立てておこないます。肥料は「根菜専用」を1平方m当たり40g程としますが生育がよい場合は減らします。土寄せはネギの白く軟らかい部分を長くするためのものです。葉の軟白までの日数は20日程かかるので、最終の土寄せは収穫予定日を決めてから、逆算して行います。方法は、2回目までとは違い、葉身の分岐点を6cmを越えるくらい、土をかけ、軟白部分が40cm程になるようにします。

10

収穫（11／15～12／20）

収穫適期日数は、最終土寄せから25日を目安とします。まずクワで畝の底部の土をよけます。

11

根が見えてきたら手前に倒すようにしてグイッと引っ張り収穫します。貯蔵する場合は掘りとった後、土つきのまましばって屋内に取り込み、立てておきます。

出やすい病気

病気は春秋に**べと病**が、晩秋から初夏にかけて**サビ病**が発生しやすくなります。

ネギの仲間

ネギの仲間では丈夫で作りやすい**ワケギ**があります。8月下旬～9月に種球を植えます。幅1・2mの畝に条間30cm、株間15cmで種球の上部がわずかに見える程に植えます。草丈10cmのころから2、3回液肥の500倍液で追肥します。耐寒性が強いので11月から4月にかけて必要に応じて収穫できます。

各種栄養素の豊富な野菜。食べるのはつぼみのかたまり

ブロッコリー 畑

ポイント

- 生育適温20℃前後で、冷涼な気候を好む
- 土壌適応性が広く、耕土の深い保水力のある膨軟な土を好む
- 弱酸性（pH6.0〜6.5）を好み、酸性（pH5.5以下）で根こぶ病が発生しやすくなる
- 夏まき秋どりが作りやすい
- **「シャスター」「ピクセル」**が作りやすい

作業の目安時期

作業	時期
育苗準備	6月30日〜7月5日
は種	7月5日〜10日
育苗	7月15日〜8月20日
定植準備	8月10日〜20日
定植	8月20日〜31日
追肥・土寄せ	9月10日〜10月20日
収穫	11月1日〜12月20日

育苗準備（6/30〜7/5）

は種5日程前、市販の種まき培土20ℓに対し水1ℓを加え、かき混ぜます。調整した培土はポリ袋等に入れ、密閉し湿気を保ちます。72穴のセルトレイに培土を入れ、板等で表面をすりきり平らにします。（113〜116ページ参照）

は種（7/5〜10）割りばし等でセルの中央に軽く穴をあけ、1セルに3粒程まきます。まいた後、0・5cm程の厚さで覆土し、板等で鎮圧後、ゆっくり均一にかん水します。その後、新聞紙か古ハンカチなどをかけます。

育苗（7/15〜8/20）

は種後4〜5日で発芽します。芽が顔を出しかかったら早めに冷水をかん水します。発芽後は本葉1枚まで地表面が乾いてから朝かん水し、後半は控えめにします。本葉1枚までに込み合った所を間引き、本葉2枚時に1本にします。定植時までに本葉4〜5枚の苗に仕上げます。

定植準備（8/10〜20）

定植10日程前、1平方m当たりみのり堆肥VSを1・5kg程、苦土石灰を120g程施し、耕します。7日程前、1平方m当たり「葉菜専用」100g程を施し耕します。前日に高さ15cm、幅90cm程の畝をつくり、ネビジン粉剤を1平方m当たり20g程施し混和します。

定植（8/20〜31）

本葉5枚時、株間40cm程にします。定植時オルトラン粒剤を1株当たり2g程与えるとヨトウムシの防除に効果があります。活着まではかん水します。

追肥、土寄せ（9/10〜10/20）

定植後7〜10日目、活着次第、「すぐ効く追肥専用」を1平方m当たり30g程条間に施します。マルチの場合は液肥500倍を株元に与えます。2回目は10月1日頃に1平方m当たり同40gを畝肩に与えます。マルチの場合はマルチの下に量を減らして与えます。追肥時に薄く耕し、中耕のうえ、軽く土寄せします。

収穫（11/1〜12/20）

花蕾の直径が10cmを超えた頃、つぼみがまだ固いうちに15cm程の長さで切り取ります。遅れるとつぼみが開いて質が悪くなったり、腐敗するので、早めに収穫します。収穫後、側花蕾が発生するので大きくなったものから順次収穫します。

病害虫対策

べと病には、アミスター20フロアブル2000倍を散布します。

黒腐病は高温多湿期に発生しやすいので、発生前からキノンドー水和剤40を800倍で定期的に散布して予防します。

アオムシが発生したら、小さい幼虫のうちにマラソン乳剤1000倍を散布し防除します。

肥大してきたら花蕾に直射日光を当てない

カリフラワー 畑

ポイント

- 生育適温20℃前後で、冷涼な気候を好む
- 土壌適応性が広く、耕土の深い保水力のある膨軟な土を好む
- 弱酸性（pH6.0～6.5）を好み、酸性（pH5.5以下）で根こぶ病が発生しやすくなる
- 夏まき秋どりが作りやすい
- **「スノークラウン」**が作りやすく**「美星」**は味が良い

作業の目安時期

作業	時期
育苗準備	6月30日 ▶ 7月5日
は種	7月5日 ▶ 10日
育苗	7月15日 ▶ 8月20日
定植準備	8月10日 ▶ 20日
定植	8月20日 ▶ 31日
追肥・土寄せ	9月10日 ▶ 10月20日
軟白	11月1日 ▶
収穫	11月1日 ▶ 12月20日

1 育苗準備（6/30～7/5）

は種5日程前、市販の種まき培土20ℓに対し水1ℓを加え、かき混ぜます。調整した培土はポリ袋等に入れ、密閉し湿気を保ちます。72穴のセルトレイに培土を入れ、板等で表面をすりきり平らにします。（113～116ページ参照）

は種（7/5～10）　割りばし等でセルの中央に軽く穴をあけ、1セルに3粒程まきます。まいた後、0・5cm程の厚さで覆土します。板等で鎮圧後、ゆっくり均一にかん水します。その後、新聞紙か古ハンカチなどをかけます。

育苗（7/15～8/20）

は種後4～5日で発芽します。芽が顔を出しかかったら早めに冷水をかん水します。発芽後は本葉1枚まで地表面が乾いてから朝かん水し、後半はかん水を控えめにします。本葉1枚までに込み合った所を間引き、2回目は本葉2枚時、1本にします。定植時までに本葉4～5枚に仕上げます。

定植準備（8/10～20）

定植10日程前、1平方m当たり苦土石灰を120g程、みのり堆肥VSを1・5kg程施し、耕しておきます。7日程前、1平方m当たり「葉菜専用」100g程を施し、耕します。前日には高さ15cm、幅90cm程の畝をつくります。この後、ネビジン粉剤を1平方m当たり20g程施し混和します。

2 定植（8/20～31）

本葉5枚時、株間40cm程にします。定植時ダイアジノン粒剤を1平方m当たり5g程与えると、ネキリムシの防除に効果があります。活着までは、かん水し初期生育の確保につとめます。

3 追肥、土寄せ（9/10～10/20）

定植後7～10日目、活着次第、「すぐ効く追肥専用」を1平方m当たり30g程条間に施します。マルチの場合は液肥500倍を株元に与えます。2回目は10月1日頃に同40gを畝肩に与えます。マルチの場合はマルチの下に量を減らして与えます。追肥時には薄く耕し、中耕のうえ、軽く土寄せします。

4 軟白（11/1～）

日光が直接花蕾（からい）に当たると黄化し品質が低下するので、花蕾がこぶし大の頃より、外葉3分の1の葉先をわらかひもで縛るか、内側の葉を折って花蕾にかけ光をさえぎります。

5 収穫（11/1～12/20）

花蕾の直径が12cmを超えた頃、つぼみがまだ固いうちに外葉を5枚程付けて10cm程の長さで切り取ります。遅れるとつぼみが開いて質が悪くなったり、腐敗するので、早めに収穫します。

ダイコンより栽培期間が短く、土地もあまり選ばない

カブ 畑

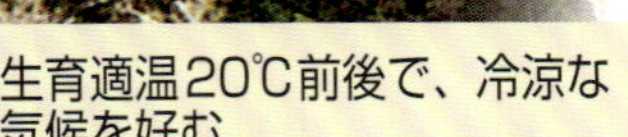

ポイント

- 生育適温20℃前後で、冷涼な気候を好む
- 土壌適応性が広く、耕土の深い保水力のある膨軟な土を好む
- 微酸性（pH6.8）～酸性（pH5.0）を好む
- 夏まき秋どりが作りやすい
- **「耐病ひかり」「長岡交配早生大蕪」**が作りやすい

作業の目安時期

は種準備	は種	間引き・追肥・土寄せ	収穫
8月25日～31日	9月5日～10日	9月15日～10月10日	11月5日～12月5日

1 は種準備（8/25～31）

は種20日程前に、1平方m当たり苦土石灰を100g程、みのり堆肥VSを1kg程施し耕します。7日程前、1平方m当たり「根菜専用」を80g程を施し耕した後、高さ15cm以上幅90cm程の畝を作ります。マルチ栽培の場合は白黒マルチの白を表にして利用すると栽培しやすくなります。

は種（9/5～10）

条間30cm株間18cm程の2条まきで1カ所5粒。覆土の厚さは0・5cm程で、まいた後、切りわらか、もみがらをかけ、たっぷりかん水します。

2

間引き、追肥、土寄せ（9/15～10/10）

1回目は本葉1枚までに、込み合った所を中心に生育の悪いものや、葉色の濃いもの、薄いものを間引きします。1～2cm程の株間を確保し徒長しないように早めに行います。

3

2回目は本葉3枚時、2本に仕立てます。間引きが遅れると根の肥大が遅れます。（この時期、病害虫対策としてべと病などはランマンフロアブル2000倍で、アオムシはマラソン乳剤1000倍で防除します）

4

間引きの時に「根菜専用」を1平方m当たり20g程与え、軽く**中耕**の上、**土寄せ**します。マルチ栽培の場合は追肥、土寄せは必要がありません。

5

3回目は、は種後55日頃で、本葉6枚程の時に1本に仕立てます。この時の追肥（止め肥）は、「根菜専用」を1平方m当たり25g程畝肩に与えます。早い時期に肥料が切れると「ス」が入りやすくなります。また追肥が遅れると肥料が残り、根が変色するなど品質が悪くなるので適期に与えます。

6

収穫（11/5～12/5）

は種後65日程で収穫適期を迎えます。直径10cm前後で順次収穫します。とり遅れると「ス」が入りやすくなり、品質も低下します。

プランターでもできる。手軽な根菜として重宝

小カブ　畑・プランター

ポイント

- 生育適温20℃前後で、冷涼な気候を好む
- 土壌適応性が広く、耕土の深い保水力のある膨軟な土を好む
- 微酸性（pH6.8）～酸性（pH5.0）を好む
- 夏まき秋どりが作りやすい
- **「金町小蕪」**が作りやすい

作業の目安時期

は種準備	は種	間引き・追肥・土寄せ	収穫
8月15日→31日	8月25日→9月10日	9月15日→10月10日	11月15日→30日

1 は種準備（8／15～31）

プランターの場合、は種10日程前に園芸用土とみのり堆肥VSを等量混合し、苦土石灰を約5g／10ℓ混入し調合の上、湿らせておきます。7日程前に「根菜専用」を約3g／10ℓ入れ液肥500倍で調合しマルチをかけ、なじませます。前日、用土を入れかん水し古タオルなどで覆い適湿を保ちます。

畑の場合、は種10日程前に、1平方m当たり苦土石灰を100g程、みのり堆肥VSを1kg程施し耕します。7日程前、1平方m当たり「根菜専用」を80g程施し耕し、高さ15cm以上幅100cm程の畝を作ります。

2 は種（8／25～9／10）

12cm間隔の点まきにし、1カ所4粒程まきます。覆土の厚さは0.5cm程で、まいた後たっぷりかん水します。

3 間引き、追肥、土寄せ（9／15～10／10）

1回目は、本葉1枚までに込み合った所を中心に、生育の悪いものや、葉色の濃いもの、薄いものを間引きます。1～2cm程の株間を確保し、徒長しないように早めに行います。

4

2回目は、は種後14日頃、本葉2枚時に1本に仕立てます。間引きの時に1平方m当たり「根菜専用」を20g程（1プランターにつき4g程）与え、軽く中耕の上、土寄せします。間引きが遅れると根の肥大が遅れます。

5

止め肥は、は種後25日頃で1平方m当たり25g程（1プランターにつき5g程）与えます。早い時期に肥料が切れると「ス」が入りやすくなります。また追肥が遅れると肥料が残り根が変色するなど品質が悪くなるので適期に与えます。

6 収穫（11／15～30）

は種後50日程で収穫適期を迎えます。直径が5～6cmで収穫します。とり遅れると、「ス」が入りやすくなり品質も低下します。

鍋物に人気の香り高い葉　長期間収穫でき栽培も簡単

シュンギク　畑・プランター

ポイント

- 生育適温15～25℃でやや冷涼な気候を好む
- 春と秋の栽培に適する
- 土壌適応性が広いが乾燥に弱いので、有機質に富み、保水性のよい土を好む
- やや酸性（pH6.0～6.5）を好む
- **「きわめ中葉」**が作りやすい

作業の目安時期

	は種準備	は種	間引き・追肥	収穫
春まき	4月1日～10日	4月10日～20日	4月20日～5月20日	5月30日～6月20日
夏まき	8月15日～31日	8月25日～9月10日	9月1日～30日	10月1日～11月10日

1 は種準備（4／1～10、8／15～31）

畑は、は種10日程前に1平方m当たりみのり堆肥VSを2kg程、苦土石灰100g程を施し耕します。7日程前、基肥に「葉菜専用」を1平方m当たり100g程施し、耕します。前日高さ12cm程、幅90cm程の畝を作り、たっぷりかん水します。

プランターは、は種10日程前に、園芸用土とみのり堆肥VSを等量混合し苦土石灰を約10g／10ℓ混入し調合の上、湿らせておきます。7日程前に「葉菜専用」を約3g／10ℓ入れ液肥500倍で調合しポリエチレンをかけ、なじませます。は種前日、用土を入れかん水しておきます。

2 は種（4／10～20、8／25～9／10）

春は地温が10度を超えないと発芽しません。発芽をそろえるために種を10時間程水に浸した後、陰干ししてからまきます。

直播きでばらまきか条間15cm程のすじまき。プランターの場合は種子間隔0.5cm程の条まきにします。発芽に光がある程度必要な種子なので、覆土は川砂等を厚さ0.3cm程かけた後、たっぷりかん水します。その後、乾燥しないように適宜かん水します。

3 間引き、追肥（4／20～5／20、9／1～30）

1回目は本葉（ギザギザの葉。丸い葉は子葉）2～3枚時に株間2～3cmにします。秋はこのとき「すぐ効く追肥専用」を1平方m当たり20g程条間や株間に施します。生育後半に肥料が切れたら液肥500倍を使います。

4

2回目は本葉5～6枚時、株間9cm程とします。このときの追肥は液肥500倍で行います。春は生育期間が短いので追肥はほとんど必要ありません。

5 収穫（5／30～6／20、10／1～11／10）

草丈が20cm程になったらハサミで収穫します。は種から収穫までの日数は高温時で20～30日、低温時で50～60日が目安です。

収穫の方法は、まず主枝（中心の茎）は下葉を5葉残して上部を摘み取ります。すると側枝（わき芽）が伸びてきます。その側枝の下部の2葉を残して摘み取ります。このようにすると次々と分枝が発生し、液肥で追肥していけば3カ月程収穫できます。収穫したものは古葉、傷葉などを取り除き、本葉6～7枚のものを利用します。

主枝の上部を摘み取る

伸びた側枝を摘み取る

ビタミン、ミネラルたっぷり　石灰散布を十分に

ホウレンソウ　畑・プランター

ポイント

- 生育適温15～20℃で、やや冷涼な気候を好み高温に弱い
- 春と秋の栽培に適する
- 土壌適応性は広いが、有機質に富み、通気性、保水性ともにある土を好む
- 酸性に特に弱く、アルカリ(pH7.5)～微酸性(pH6.5以上)を好む
- **「弁天丸」、「まほろば」、「次郎丸」**が作りやすい

作業の目安時期

	は種準備	は種	間引き・追肥	収穫
春まき	3月 20日～31日	4月 1日～10日	4月 10日～30日	5月 1日～25日
夏まき	8月 15日～31日	8月25日～9月10日	9月 1日～30日	10月1日～11月10日

1 は種準備（3／20～31、8／15～31）

は種10日程前に1平方m当たりみのり堆肥VSを2・5kg程、苦土石灰200g程を施し、耕しておきます。基肥として7日程前に1平方m当たり「葉菜専用」を100g程施し、耕しておきます。

は種前日に高さ12cm、幅90cm程の畝を作り、たっぷりかん水し、湿らせておきます。マルチを使うと保湿効果を高くすることができます。

2 は種（4／1～10、8／25～9／10）

春は地温が14度を超えないと発芽しません。秋口の温度の高いときは発芽しにくいので、対策として種を一昼夜水に浸した後、涼しい所で3割程芽切りさせる「芽だし」を行ってからまきます。

まき方はばらまきか条間15cm程のすじまき、覆土の厚さは1・5cm程でやや厚くします。は種後たっぷりかん水し、発芽まで乾燥させないよう適宜かん水します。

3 間引き、追肥（4／10～30、9／1～30）

1回目は本葉2～3枚時、株間2～3cmにします。秋は、このとき1平方m当たり「すぐ効く追肥専用」を20g程条間や株間に施します。生育後半に肥料が切れたら液肥500倍を使います。追肥時に薄く耕し、中耕のうえ軽く土寄せします。春は追肥は必要ありません。

4 収穫（5／1～25、10／1～11／10）

草丈が15cm程から収穫します。株を地際から切り取り、古葉、傷葉などを取り除き、本葉4～5枚にして束ねます。は種から収穫までの日数は高温時で20～30日、低温時で50～60日が目安です。

プランターの場合

用土準備。用土に苦土石灰を多く入れます(8／15～)。

① は種。コーティング種子(種子消毒と芽出しの処理ができている種子)をまきます(8／25～9／10)。

② 覆土して木の棒などで鎮圧します。

③ プランターにタオルをかぶせてかん水。こうすると適湿が保たれ発芽しやすくなります。

発芽後、間引き(9／1～30)の1回目は本葉2～3枚時、株間2～3cmにします。秋はこのとき「すぐ効く追肥専用」を1平方m当たり20g程株間に施します。

④ 収穫期入り(10／1～)

ビタミンAたっぷり　思い切って間引きを

ニンジン 畑

ポイント
- 20℃程のやや低温を好む
- 排水の良い肥沃な砂壌土～壌土を好む
- 弱酸性（pH5.5～6.0）を好むが、酸性には強い
- 年間を通して**「向陽二号」「時なし五寸」**がつくりやすい
- 種まき後の覆土は薄く、かん水をこまめに

作業の目安時期

	は種準備	は種	間引き・追肥	収穫
春まき	4月5日～15日	4月15日～25日	5月15日～6月15日	6月20日～7月15日
夏まき	6月25日～7月15日	7月5日～25日	8月25日～9月30日	10月20日～11月20日

1 は種準備
（4/5～15、6/25～7/15）

軟腐病、線虫などの発生がなければ4年程連作が可能です。は種10日程前、苦土石灰を1平方m当たり120g程施し細かく耕しておきます。

7日程前に基肥として「根菜専用」を1平方m当たり230g程散布し耕します。

2～3日前に幅60cm、高さ20cm程の畝を作りたっぷりかん水し、マルチなどをかけて湿らしておきます。品種は年間を通して**「向陽二号」、「時なし五寸」**が良いでしょう。

2 は種
（4/15～25、7/5～25）

条間20cmの2条まき。覆土は0.5cm程かけ、鎮圧後たっぷりかん水します。コート種子の場合は5cm間隔で1カ所に2～3粒まきます。

3 発芽

は種後、春の場合は新聞紙、透明ポリでおおい、保湿、保温を図ります。夏の場合は敷きわら（上の写真では代用としてムシロを利用）をすると発芽がそろい初期生育が良好です。発芽時は徒長しないように早めに被覆物を取り除きます。本葉6枚頃までは乾燥させないようかん水します。

4 間引き、追肥、土寄せ
（5/15～6/15、8/25～9/30）

間引きは土がある程度湿ったときに行います。乾燥時は残す株を傷めるので良くありません。第1回は本葉2枚時、は種後25日頃。特に密な部分を粗く間引き、「すぐ効く追肥専用」を1平方m当たり30g条間に施し除草中耕のうえ土寄せします。

5

第2回は本葉5～6枚時に、生育のそろったものを15cm間隔に1本残します。この時「すぐ効く追肥専用」を1平方m当たり30g程畝肩に与えますが、草勢を見て加減します。遅い追肥や肥料過多は又根の原因となります。あわせて除草、中耕、土寄せをします。土寄せをしないと根の肩部が緑化します。

6 収穫
（6/20～7/15、10/20～11/20）

3寸ニンジンは、は種後60～90日。5寸ニンジンは100～120日。長根ニンジンは120～140日を目安として収穫します。遅れると裂根が多くなります。量が多い時は一度抜いて土つきのまま埋めておくと貯蔵ができます。

ベランダのニンジンを抜いて食べる楽しさ

ニンジン　プランター

ポイント

- 20℃程のやや低温を好む
- 排水の良い肥沃な土で弱酸性（pH6.0）を好む
- 裂根がでやすい
- 種まき後の覆土は薄く行い、かん水をまめに
- 「ピッコロニンジン」が作りやすい

作業の目安時期

	は種準備	は種	間引き・追肥・土寄せ	収穫
春まき	4月5日～15日	4月15日～25日	5月15日～6月15日	6月20日～7月15日
夏まき	6月25日～7月15日	7月5日～25日	8月25日～9月30日	10月20日～11月20日

は種準備

（4/5～15、6/25～7/15）

プランターに適するミニニンジン、**ピッコロニンジン**など短根ニンジンを選びます。は種10日程前に用土を調合し、たっぷりかん水の上、マルチをして湿り気を保っておきます。

2 は種

（4/15～25、7/5～25）

プランターに2条まきします。覆土は0・5cm程かけ、鎮圧後たっぷりかん水します。春は新聞紙、透明ポリでおおい、保湿・保温を図ります。夏の場合はきりわらかもみがらを使うと、発芽がそろい初期生育が良好です。代用品として古タオルでも効果があります。いずれにしても乾燥させないようにします。発芽時は徒長させないように早めに被覆物を取り除きます。本葉6枚頃までは、乾燥すると根の異常の原因となるので乾燥させないようかん水します。

3 間引き、追肥、土寄せ

（5/15～6/15、8/25～9/30）

間引きは、土がある程度湿ったときに行います。乾燥時は残す株を傷めるので要注意です。**1回目**は本葉2枚時、は種後25日頃。特に密な部分を粗く間引き、「根菜専用」を1平方m当たり1g程施し、除草中耕のうえ、土寄せします。

2回目は本葉5～6枚の時に、生育のそろったものを9cm間隔に1本残します。「根菜専用」を1平方m当たり2g程施しますが、草勢を見て加減します。遅い追肥や肥料過多は、側根が太くなる原因となるので要注意です。あわせて除草、中耕、土寄せをします。土寄せをしないと根の肩部が緑化してしまい品質が悪くなります。

5 収穫

（6/20～7/15、10/20～11/20）

短根ニンジンは、は種後60～90日を目安として収穫します。遅れると裂根が多くなります。すぐ使わない時は一度抜いて土つきのまま埋めておくと貯蔵ができます。

初心者向きのかわいい根菜。ベランダ栽培に適する

ハツカダイコン プランター

ポイント
- 生育適温15～25℃でやや冷涼な気候を好む
- 春と秋の栽培に適する
- 土壌適応性は広いが、有機質が多い土が良い
- 微酸性（pH6.8）～酸性（pH5.5）に適応するが酸性に比較的弱い
- **「コメット」、「レッドチャイム」**が作りやすい

作業の目安時期

	は種準備	は種	間引き・追肥・土寄せ	収穫
春まき	4月5日～15日	4月15日～25日	4月30日～5月20日	5月25日～6月20日
夏まき	8月20日～9月15日	8月31日～9月25日	9月15日～10月10日	9月25日～11月20日

1 は種準備（4／5～15、8／20～9／15）

は種10日程前に、園芸用土とみのり堆肥VSの等量混合用土に、苦土石灰を約10g／10ℓ混入し調合の上、湿らせておきます。7日程前に、「根菜専用」を約3g／10ℓ入れ、液肥500倍で調合しマルチなどをかけ、なじませておきます。

は種前日、用土を入れます。土は底のほうに粗いものを、上のほうには細かいものを入れ、かん水しておきます。古タオルなどで覆っておくと適湿を保ちやすくなります。

2 は種（4／15～25、8／31～9／25）

春は地温が12度を超えないと発芽しないので確認してください。まき方はばらまきか条間6cm程の条まきで、覆土の厚さは0・5cm程にします。まいた後、木の棒などで鎮圧し、たっぷりかん水します。

3 間引き、追肥（4／30～5／20、9／15～10／10）

1回目は、本葉1枚までに込み合った所を中心に、生育の悪いもの、葉色の濃いもの、薄いものを間引きます。1～2cmの株間を確保し徒長しないよう早めに行います。

4

2回目は、は種後約14日、本葉2枚時に1本に仕立てます。生育後半に肥料が切れれば、液肥500倍を与えます。追肥時に薄く耕し、中耕のうえ軽く土寄せします。春は生育期間が短いので追肥は必要ありません。

5 収穫（5／25～6／20、9／25～11／20）

は種後40日程で収穫を迎えます。根の直径が2cm程で順次、間引き収穫をしていきます。とり遅れると裂根になったり、「ス」が入ったりして品質が劣ってきます。

栽培のポイント

初心者向きで作りやすい野菜です。病気は特に問題ありませんが、形のよいものを作るコツは間引きのタイミングを遅らせず、早めにおこなうことです。間引きが遅れると根の太りが悪くなります。また、乾燥すると根が細くなるのでこまめな水やりを心掛けましょう。

葉に滑らかな感触。初めての人でも簡単

サラダナ 畑・プランター

ポイント
- 生育適温15～20℃でやや冷涼な気候を好む
- 春と秋の栽培に適する
- 土壌適応性は広いが、有機質に富み、通気性保水性ともにある土を好む
- 酸性に弱く、微酸性（pH6.5～7.0）を好む
- 高温期は**「サマーグリーン」**、それ以外は**「ウェアヘッド」**が作りやすい

作業の目安時期	は種準備	は種	育苗	定植	収穫
春まき	3月25日～4月10日	4月5日～20日	4月10日～20日	4月20日～5月10日	6月1日～7月1日
秋まき	8月25日～9月5日	9月5日～15日	9月15日～30日	10月1日～10日	11月1日～20日

1 は種準備（畑）（3/25～4/10、8/25～9/5）

は種10日程前に1平方m当たりみのり堆肥VSを2kg程、苦土石灰130g程を施し、耕しておきます。基肥として7日程前に「葉菜専用」を1平方m当たり150g程施し、耕しておきます。は種前日に高さ12cm程幅60cm程の畝を作り、たっぷりかん水し湿らせておきます。マルチを使うと保湿効果が高くなります。

2 は種（4/5～20、9/5～15）

発芽を揃えるため、種を10時間程、水に浸した後、陰干ししてまきます。春、早くまきたいときは透明マルチをします。方法はばらまきか条間6cm程の条まきです。発芽にある程度、光が必要な種子なので、覆土は川砂などの明るいものを使い、厚さ0.3cm程のごく薄めにします。まいた後たっぷりかん水し新聞紙をかけて涼しい所におきます。

3 育苗（4/10～20、9/15～30）

子葉が広がった時、葉がかさならない程度に間引きます。本葉2.5枚時に6cmのビニール鉢に移植し、育苗します。

4 定植（4/20～5/10、10/1～10）

本葉3～4枚時、15×15cmの間隔で定植し、たっぷりかん水し活着を促します。活着後は控えめのかん水とします。追肥は原則行いませんが、様子をみて液肥500倍を施します。雑草はこまめにとります。低温期は穴あき黒マルチ、高温期は穴あき白黒マルチで栽培すると作りやすくなります。

5 収穫（6/1～7/1、11/1～20）

定植後40～45日で心葉と外葉が同じ高さになった頃が収穫の目安です。株を地際から切り取って、古葉、傷葉などを取り除きます。収穫までの日数は高温時で30日、低温時で50～60日を目安とします。とり遅れると葉が硬くなり、苦みが強くなり品質が落ちてくるので、若どりを心がけます。

プランター栽培

①…9月上旬、5カ所に種をまきます。覆土は川砂などを使い薄めにして鎮圧し、かん水します。小さなプランター等に10日ごとに回数を多くまけばいつでも収穫か楽しめます。

②…10月中旬の様子。間引きを終え最も状態のよいもの1株にします。

③…11月中旬。収穫期の様子。

採れたての甘さに子供も大喜び

イチゴ 畑・プランター

ポイント
- 冷涼な気候を好み、適温は15～25℃。茎葉は－3℃でも耐える
- 土壌適応性は広く、弱酸性（pH6.0～5.5）を好み、乾燥に弱い
- 連作障害がでる（5年以上休栽する）
- 毎年新しい苗に植え替える
- 有機質肥料を多く施し、窒素肥料をひかえめに
- **「宝交早生」**が一般的

作業の目安時期

作業	時期
親株移植	6月5日～15日
苗取り・移植	8月20日～31日
定植準備	10月5日～15日
苗選び	10月5日～10日
定植	10月10日～15日
マルチング	11月20日～30日
摘葉・摘花	3月20日～5月20日
受粉	4月20日～5月10日
ランナー切り	5月15日～5月31日
収穫	5月10日～6月5日

1

親株移植（6/5～15）

秋に苗を購入して定植してもよいのですが、ここでは親株から育苗して作る方法を紹介します。５月下旬～６月上旬、収穫の終わった親株を、別に新しく準備した幅1.8mの畝（1平方m当たり苦土石灰を100g程、みのり堆肥VSを1kg程、「果菜専用」100g程を施す）に約90cm間隔で植え替えます。これを親株床といいます。

2

親株床でランナーという根茎が伸びた先に子苗ができるので、それを育てます。こまめに除草、中耕をくり返しランナーが重なりあわないよう配置します。

3

子苗の育苗床を作ります。ここに子苗を移植し、秋の定植時まで育てます。肥料は親株床と同じ程度施し、畝幅は100cm程とします。

4

× ○

親株　太郎苗　二郎苗

苗取り（8/20～31）

親株から数えて2、3番目の子苗（二郎、三郎苗）を使います。1番目の子苗は花数ばかり多く果実が小さくなります。4番目以降は果実は大きいが数が少なくなります。

5

苗取りのさい親株側のランナーを4cmくらい残して切ります。ここには養分と水分があり、短期間なら株を弱らせないで済むからです。親株と反対側のランナーは根ぎわで切ります。

6

移植（8/20～31）

切ったらすぐ苗床に約15cm間隔で移植します。成長点（指差している部分）は呼吸をしているので、地上に出します。移植後はたっぷり水をやります。作業は日中を避け夕方涼しい時間に行います。

7

ポット育苗

育苗用ポットで育てる方法もあります。まずポットに用土をつめて、かん水しておきます。ポットは10・5cmが良いでしょう。

8

「二郎、三郎苗」をポットに植えます。要領は苗床の場合と同じです。

9

子苗の管理

盛夏はよしずや寒冷紗で日中、日よけします。苗床やポットで約2カ月育てますが、この間にでる新しいランナーや枯れ葉は取り除きます。

10

定植準備（10／5～15）

弱酸性を好むので、定植10日程前に1平方m当たり苦土石灰を80g程散布します。完熟堆肥は保水性、通気性などの効果が大です。みのり堆肥VSを1平方m当たり3kg程施し耕しておきます。写真はトウモロコシの収穫後の干した株を畝の中に入れて準備をしています。

11

イチゴの根は肥料に弱いので定植15日前には基肥散布し、できるだけ深く耕しておきます。施肥は基肥中心で、窒素は少なくし燐酸、加里を多めに与えます。1平方m当たり「果菜専用」を120g程施しますが、イチゴ専用肥料を利用する方法もあります。畝は高さ18cm以上、幅90cm程のものを定植直前に作ります。

12

苗選び（10／5～10）

良い苗の条件は本葉5～6枚、30g程の重さで、葉の形がそろい元気で、株元（クラウン）が充実し太さが2cm程あること。また根は白く、太いものが多いことです。写真は苗床から苗を掘って取り出しているところです。

13

定植（10／10～15）

遅れると根張りが悪くなります。株間35cmの2条植えが標準。浅植え原則で成長点に土をかぶせないよう注意します。残したランナーを畝の内側に向けて植えると花房が通路側に出るので管理や収穫の時に便利で、病気にかかりにくく、果実の着色も良くなります。

14

プランターに苗を植えると、春にはベランダでもイチゴの収穫が楽しめます。

15

マルチング（11/20～30）

土の湿っている時、黒色マルチ（0・02㎜、135㎝幅）をしきます。このことにより肥料流亡防止、地温確保、雑草抑制、発病予防などの効果があります。まず①マルチを畝の上に広げ裾を土で押さえます②株の部分に穴を開け株をマルチの上に出します③晴天の場合は葉やけ防止のため、早く株を出します。

積雪の多い所は雪解け後にマルチをかけます。この場合除草、中耕、追肥（「果菜専用」を1平方m当たり40g程）を同時にします。

16

花芽分化

イチゴの花芽は低温と短日によってつくられます。冬の低温に十分当てておくことが、実をたくさんつけるために必要です。雪が降ると葉が傷むので、タフベルなどの園芸用ベタがけ資材をかけると、ある程度、防げます。

摘葉・摘花（3/20～5/20）

冬に下葉が枯れたものを早めにかきとり、病害虫の発生を防ぎます。低温時、早咲きした花は結実しないので摘み取ります。

17

受粉（4/20～5/10）

4月中旬に花が咲き始めたら、日中、軟らかい筆で花の中を軽くなで、受粉させせます。虫がきて自然交配する場合は必要ありません。

18

ランナー切り（5/15～5/31）

ランナーが伸び出します。子苗が出来ると養分がそこへ行ってしまうのでランナーは早めに切ります。

19

収穫（5/10～6/5）

開花後35～40日で収穫できます。雨にあたると果実が傷みやすいので雨があがりしだい摘み取ります。

20

ヘタ近くまで完全に赤くなったものから収穫します。時間は朝露の残っている午前中が最適です。摘みたてのおいしさは家庭菜園ならではの味です。

21

鳥よけ

鳥の食害を防ぐため、収穫期にはアミをかぶせておくとよいでしょう。

病害虫対策

わりあい丈夫ですが、収穫期に長雨が重なると**灰色カビ**病が発生しやすく、果実を腐らせます。アミスター20フロアブル1500倍、カンタスドライフロアブル1000倍、ベルクートフロアブル2000倍等を散布します。

またベランダ栽培の場合、**ハダニ**がよく出ますから発生初期にスターマイトフロアブル2000倍を散布します。

油粕などの有機質肥料を使用すると**ナメクジ**が多発します。スラゴなどの駆除剤で対応します。

お料理の影の演出家。活力の源を育てる手応え

ニンニク 畑

ポイント

- 生育適温18～20℃で、耐寒性、耐暑性ともに強くない
- 土壌適応性が広いが、乾燥に弱い
- 弱酸性（pH6.0）で保水性がよく腐植に富んだ土を好む
- 燐酸肥料を多く施し、冬前に根群を確保する
- **「ホワイト6片」**が作りやすい

作業の目安時期

定植準備	定植	追肥・中耕	とう摘み	収穫
9月15日▶30日	9月25日▶10月10日	3月15日▶	4月25日▶5月10日	6月20日▶30日

1

球根準備（9/15～30）

定植10日程前、球根を選別し、重さが7g前後で形の正常なものを玉割りし、ベンレートT水和剤でまぶし消毒します。小球は収量が劣るので使用しません。

2

定植準備（9/15～30）

同じ頃、1平方m当たりみのり堆肥VSを2kg程、苦土石灰120g程を施し、耕しておきます。7日程前、1平方m当たり「根菜専用」を80g程施し、耕しておきます。定植前日、高さ15cm以上、幅90cm程の畝を作ります。穴あき黒マルチを使うと後の管理が楽です。

定植（9/25～10/10）

条間20cm程の4条植え、株間は15cm程で深さ5cm程の溝を切り、りん片の方向をそろえて定植します。早すぎると雪害にあいやすく、遅いと年内生育が劣り、肥大不良となります。

初期除草を心がけ、手まめに行います。黒マルチ栽培では、ほとんど雑草が生えません。**除けつ**（10/25～11/25）は生育のよいものを1本にするために、2本以上発芽したもののうち生育の劣るものを、種球の部分からきれいにかき取ります。

追肥（3/15～）

翌春雪解け後、1平方m当たり「すぐ効く追肥専用」を30g程溝の全面に施し軽く耕して、根もとに2cm程の土をかけ、倒伏防止と根の生育を促進します。追肥は肥大促進になりますが、窒素過多になると貯蔵中の出芽、腐敗の原因となります。

3

1回目の追肥から約25日後、球の肥大開始前に「根菜専用」を1平方m当たり50g程溝の全面に施し、軽く耕して3cm程土寄せします。マルチ栽培の場合はほとんど必要ありませんが、生育が遅れているようなら、適宜液肥500倍を与えます。

4

とう摘み（4/25～5/10）

この時期に「とう」が出てきます。そのままにしておくと、球の肥大が悪くなるので、早めに摘みとります。摘みとったものは油炒めで食べることができます。

5

収穫（6/20～30）

茎葉の30％が黄色く変化したら収穫します。遅れると裂球、裂皮が増え光沢が落ちてきて品質が落ちます。土が乾いた時に収穫し、風通しのよい日陰で5日程、干してから網袋に入れ、風通しのよい冷暗所で貯蔵します。

さやが天に向かってつくので空豆。塩ゆでがうまい

ソラマメ 畑

ポイント

- 適温は16～20℃で、やや冷涼な気候を好む
- 連作障害がでる（5年以上休栽する）
- 弱酸性（pH6.0～6.8）を好み酸性に弱い
- 早まきをさける
- **「仁徳一寸」**が育てやすい

作業の目安時期

は種準備	は種	出芽	追肥など	整枝	摘心	収穫
10月10日～20日	10月20日～31日	11月20日～30日	3月10日～20日	3月15日～	5月5日～15日	6月5日～25日

1 は種準備（10/10～20）

粘質気味の壌土で深く耕し、保水性、排水性の良い土作りを心掛けます。は種の10日程前に苦土石灰を1平方m当たり150g程施し、耕します。酸性に弱いので他の野菜より多めに与えます。また完熟堆肥の効果が大きいので同時にみのり堆肥VSを1平方m当たり2.5kg程施し、7日程前に1平方m当たり「いも・豆専用」80g程を施し耕します。畝は高さ15cm以上、幅75cm程です。

2 は種（直播き）（10/20～31）

早まきすぎると凍害をうけやすくなります（山間地は積雪を考えてやや早めにまきます）株間は35cm程で1カ所に2粒まきます。おはぐろ（芽の出る部分）を斜め下にして、2～3cmの深さに差し込むようにします。

3 育苗する場合

畑に秋野菜が栽培されている場合等は育苗して定植します。9cmビニールポットに上記と同じ方法で種をまきます。鉢土は無病で肥料の少ないものに。出芽（11/20～30）したら株元にわらか落ち葉を敷きます。苗が本葉3枚になったら定植します。

4 越冬のポイント

本葉7枚以上で冬を迎えると、耐寒性が劣って腐りやすくなるので、種は早くまきすぎないようにします。また過湿に弱いので排水に極力努めます。

5 追肥、間引き、土寄せ（3/10～20）

春、除草を行い、畝の肩の部分に「すぐ効く追肥専用」を1平方m当たり10g程追肥します。このとき1本に間引き、土寄せします。

整枝（3/15～）側枝は早く発生した強健な枝を7～8本残し、株元から遅く発生した弱小な枝を地際から取り除きます。

摘心（5/5～15）開花終了後、サヤがついてから20節程で摘心すると、日当たりと通風がよくなり、サヤが揃います。

6 収穫（6/5～25）

子実がまだ硬くならないうち、さやが青みをもち、十分充実し黒い斑点が出、抱合線が色づき、実の育ちが外部から分かる頃が適期です。慣れないうちは、試しどりをし、おはぐろが黒くなりはじめているものをとります。新鮮さが最も大切で、収穫後すぐ食べると家庭菜園ならではのおいしさを味わえます。

1年中欠かせぬ野菜。苗の大きさは慎重に選んで

タマネギ 畑

ポイント

- 生育適温15～20℃で、冷涼な気候を好み耐寒性が強い
- 土壌適応性が広く、耕土が深く排水性のある土を好む
- やや酸性（pH6.5）を好み酸性には弱い
- 苗の太さが8㎜ほどの苗をうえる。5㎜以下だと越冬不可能。10㎜以上はとう立ちする
- **「OK黄」**が作りやすく、**「もみじ」**が一般的

作業の目安時期

は種準備	は種	育苗	定植準備	定植
8月20日▶31日	9月3日▶10日	9月10日▶10月15日	10月20日▶11月5日	10月31日▶11月15日

追肥	除草	収穫
3月1日▶25日	3月20日▶6月10日	6月15日▶30日

1 は種準備（8/20～31）

は種10日程前に、1平方m当たりみのり堆肥VSを3kg程、苦土石灰120g程を施し、耕しておきます。7日程前、1平方m当たり「根菜専用」80g程を施し、耕した後、高さ12cm以上、幅90cm程の畝を作ります。白黒マルチをかけると地温低下、適湿保持が容易です。は種前日、レーキ（熊手）で薄く耕し整地します。

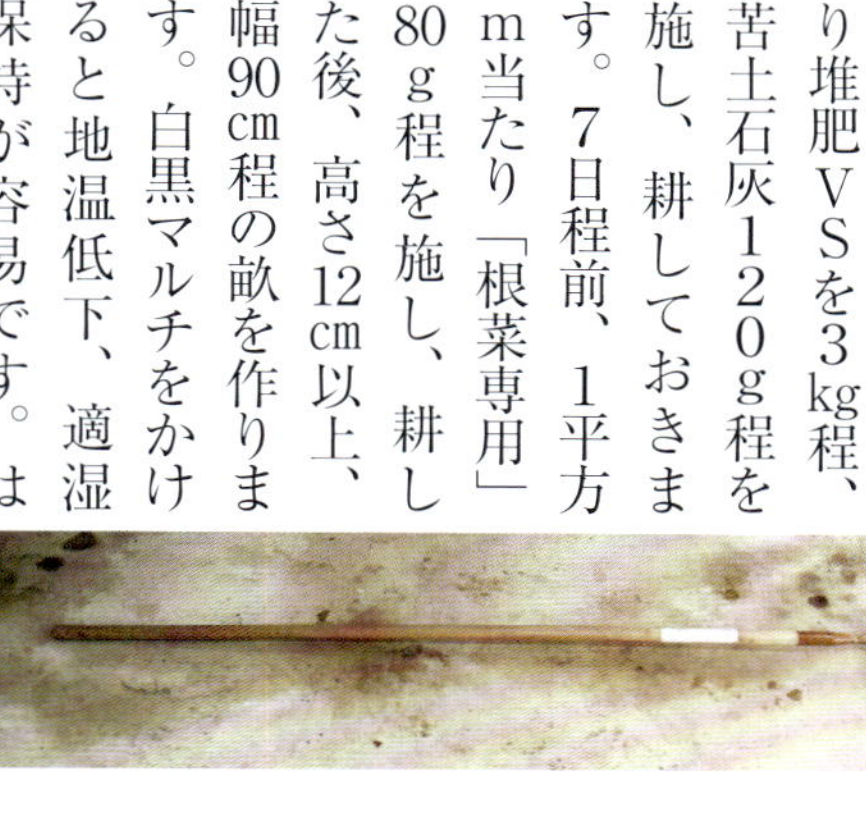

2 は種（9/3～10）

まき方は、ばらまきでうすく均一になるよう注意します。覆土の厚さは0・4cm程で、まいた後、敷きわらを厚く敷くか、被覆資材をべたがけして、たっぷりかん水し、乾燥させないように注意します。

3 育苗（9/10～10/15）

は種後7日程で発芽。芽が出はじめたら被覆材をとり、徒長させません。は種後25日程で本葉2枚程の時、1・5cm程の間隔に間引き、液肥500倍を与えます。この後、生育の様子をみて2回程繰り返します。

定植準備（10/20～11/5）

20日程前に、1平方m当たりみのり堆肥VSを2kg程、苦土石灰120g程を施し耕します。7日程前、1平方m当たり「根菜専用」80g程を施し、耕します。マルチ栽培の場合は「タマネギ専用基肥一発肥料」を1平方m当たり100g程使うと追肥は不要です。定植前日に高さ15cm以上、幅90cm程の畝を作ります。

4

条間20cm程の4条植えを予定し、畝には定植用の溝を付けておきます。この時に穴あき黒マルチを利用すると便利です。

5 定植（10/31～11/15）

苗床から茎の太さ8㎜程で葉数3枚、草丈18cm前後の苗を取ります。小さい苗から大きいものはできないので、数に余裕のあるときは小苗は植えません。また10㎜以上の太い苗は「とう立ち」するので植えません。

6

条間20cm程の4条植えで株間を15cm程とします。まず指で植え穴をあけます。

7

苗の分岐点を埋めない程の浅植えにします。（穴あき黒マルチを利用すると後の管理が楽です）

8

追肥（3／1〜25）

翌春、雪解け後、「根菜専用」を1平方m当たり50g程畝の全面に施し、軽く耕して、葉身の分岐点を越えない範囲で、根もとに土を2cm程よせて倒伏を防止し、根の生育を促進します。同時にダイアジノン粒剤を1平方m当たり5g程与えると害虫駆除に効果があります。

追肥は球の肥大促進に必要ですが、窒素過多や遅い追肥は収穫後、貯蔵中の出芽や、腐敗の原因となります。

マルチ栽培の場合はほとんど追肥の必要はありませんが、生育が遅れているようなら適宜液肥500倍を与えます。

9

1回目追肥のほぼ25日後、球の肥大が始まる前に、「根菜専用」を1平方m当たり50g程溝の全面に施して軽く耕し、葉身の分岐点を越えない範囲で3cm程、土寄せします。遅い追肥は貯蔵性を低下させるので、生育が順調なら2回目の追肥はしません。

10

除草（3／20〜6／10）

初期除草を心がけ、手まめに適宜行います。黒マルチで栽培するとほとんど草が生えません。写真は5月中旬の様子。球の肥大が進んでいます。

11

写真のように「トウ立ち」すると球に養分がいかなくなるので、早めに取り除きます。

12

収穫（6／15〜30）

茎葉が自然に倒れ出す（倒伏）と収穫のサインです。適期は自然倒伏が全体の8割程で茎葉がまだ青い時です。倒伏していない株は倒れるまで持つか、倒してから2日程で収穫します。収穫適期をはずすと貯蔵性が低下します。

13

貯蔵する場合は晩生種を使い土が乾いた時に収穫し、3日程畑に置いて乾燥させます。その後、葉は15cm程残し根は付け根から切り取り、風通しのよい日陰で10日程干してから貯蔵します。

病害虫対策

病害虫は少ないほうで、よい苗作りができればあとは手間がかかりません。秋の苗床と春に出やすい**べと病**、**灰色かび病**にはダコニール1000を1000倍で散布します。未熟な堆肥や油粕、乾燥鶏糞、米ぬかなどを施し、それが地表に現れていると**タネバエ**の幼虫が多発する恐れがあります。

毎日収穫を楽しめる。サヤエンドウは作りやすい

エンドウ 畑・プランター

ポイント
- 冷涼な気候を好み、適温は10～25℃
- 湿害に弱い
- 連作障害がでる（5年以上休栽する）
- 微酸性（pH6.5～7.0）を好むので、苦土石灰を多く散布する
- 早まきをさける
- **「三十日絹莢」**が作りやすい

作業の目安時期

は種準備	は種	間引き・追肥・土寄せ	支柱立	整枝・誘引	追肥・土寄せ	収穫
11月10日～20日	11月20日～30日	3月20日～31日	4月5日～15日	5月1日～10日	5月5日～15日	5月25日～6月25日

は種準備（11／10～20）

砂壌土の畑を選び、保水性がよく排水の良い土作りを心掛けます。は種10日程前に苦土石灰を多め（1平方m当たり150g程）に施し、みのり堆肥VSを1平方m当たり3kg程施し、耕します。7日程前、「いも・豆専用」を1平方m当たり80g程施し耕します。前作が野菜のときは窒素を減らし、燐酸、加里を多く施します。

畝作り

湿害に弱いので高さ20cm程の高畝にし、日当たりを良くするため畝幅は120cm程とします。

は種（11／20～30）

早まきすぎると凍害をうけやすいのでまき急ぎません（山間地は積雪を考えてやや早めに）。株間は20cm程で1カ所に5粒程まきます。品種は用途によって選択します。

覆土・鎮圧

覆土はやや厚く1cm程で、クワで上からかるく押さえます。これを鎮圧といいます。

間引き、追肥、土寄せ（3／20～31）

春の雪どけ後、除草をおこない、「すぐ効く追肥専用」を1平方m当たり30g程追肥します。このとき間引きをし、1カ所1～2本にします。

北陸では積雪のため生育が進まず越冬するので、雪解け後ポリフィルムでトンネルを作ると、生育を10日程早められます。

支柱立て、誘引（4／5～15）

草丈が10cm程になったら、2m程の園芸用支柱で支柱を立てます。合掌式は風に強いです。草丈がまだ低い時は仮支柱で誘引します。写真は大きくなった時の状態です。

プランター植えの場合もしっかりとした支柱を立てます。

整枝、誘引（5／1～10）

暖かくなると生育が急に進み、側枝の発生が多くなります。早く発生した枝は均等に誘引し、遅く発生した枝は取り除きます。このことによって、日当たりと通風がよくなり、さやがよくそろい、病気の発生を少なくする効果があります。

9 追肥、土寄せ（5／5～15）

開花始めの頃が最も効果が高いといえます。この前後5日に「すぐ効く追肥専用」を1平方m当たり30g程与え、同時に土寄せをおこないます。5月下旬からはうどんこ病の発生が多くなり注意を要します。

収穫（5／25～6／25）

開花後20日程で収穫適期になります。写真はプランターでの完成状態です。

適期の判断

さや採り（写真上）はやや早く、実採り（写真下）はやや遅く、さやがよくふくらんでから収穫します。いずれも朝採りがよろしいです。開花後の積算温度（毎日の平均気温をたしたもの）250～300度が目安とされるので天候の様子を見て判断します。とりたてのおいしさは格別です。

ハーブと加賀野菜

ハーブを使って食卓にヨーロピアンテイストを。
慣れ親しんだ加賀野菜は土地の気候に適し作りやすい

ハーブ

食生活の多様化が進み、ハーブ類の利用が増えてきています。ハーブ類は本来薬用でしたが、よい香りを発散し、強い辛味などを持つ植物を料理やポプリの材料として使うようになってきました。性質は強健なものが多く、一度栽培するとそのままでも増えていく程で、むしろ広がりすぎて困ることも多く、それほど大量に利用しない場合は、限られた場所で数多くの種類を栽培できる容器栽培（プランター・鉢）で楽しみましょう。

セージ

ラベンダー

ローズマリー

レモンバーム

セージ

シソに似た芳香のある多年草。大きくなると60㎝程になる。解熱、鎮静、強壮、消化促進、殺菌などの薬効がある。

ポイント
作りやすい品種 「コモンセージ」

容　器　8～9号鉢、プランター。

用　土　プランター用培養土を利用。

定植数　鉢は1、プランターは3。

肥　料　苦土石灰5g程、「葉菜専用」5g程／10ℓを肥料切れの時、液肥500倍で。

は　種　生育適温は23度前後だから5月中旬にまき、6月に定植します。気温の高い6月に挿し木すると簡単に増えます。

かん水　多湿を嫌うので、乾かし気味にし表土が白くかわいてから。

摘　心　主茎を早めに摘み、側枝の発生を多くします。

挿し木　2年目の6月、充実した側枝を先から6㎝程切り戻し、葉を2～3枚つけて肥料のない、無病の用土に挿します。

収　穫　枝の密になった所の葉先を間引くように摘み取ります。開花前、枝を18㎝程切り、陰干しすると香りが最もよくなります。

利用法　生葉は細かく刻み、乾燥葉は細かくして、シチュー、カレー、ドレッシングに利用。

チャイブ

アサツキに似た多年草。5～6月に赤紫の花を咲かせる。

ポイント
作りやすい品種　品種分化していません。

容　器　7～10号鉢、プランター。

用　土　プランター用培養土を利用します。

定植数　鉢は3～5、プランターは5～7株が適当です。

肥　料　基肥　苦土石灰5g程、「葉菜専用」5g程／10ℓ。

追　肥　プランターはサンフルーツ化成を1カ月ごとに6g程。肥料切れの時、液肥200倍で。

は　種　園芸用は種用土を利用して4月中下旬にまきます。ばらまきで種の間隔が1㎝程の薄まきにし、覆土は薄く種が隠れる程度にします。たっぷりかん水の後、新聞紙をかけます。芽が出かかった時、取り除きさっとかん水して徒長させないように

チャイブ

チャイブ

します。

かん水　多湿を嫌うので、乾かし気味にし、表土が白く乾いてから。

間引き　葉数2枚までに2cm程の間隔になるように込んだ所を早めに間引きます。

定　植　草丈10cm程の時、12cm程の間隔で、1カ所に3～4本、3cm程の浅植えにします。

追　肥　肥料切れは品質低下となるので、収穫後必ず追肥を施し液肥で調整します。

株分け　1年目は株養成。2年目の春か初秋に株分けし日当たりを確保します。

収　穫　株分け後順調なら25cm程伸びてきます。株元を少し残して刈り取ります。初期は株養成に重点を置き、充実したら適宜刈り取って収穫します。

利用法　アサツキに似た利用。汁の実、薬味、魚料理。

バジル

シソ科の多年草。光沢のある柔らかい葉はトマトとよく合う。暑さに強い。

ポイント
作りやすい品種「スイートバジル」

容　器　8～9号鉢、プランター。

用　土　プランター用培養土を利用します。

定植数　鉢は2～3、プランターは3～5。

肥　料　基肥　苦土石灰5g程、「葉菜専用」5g程／10ℓ

追　肥　「葉菜専用」2g程を半月ごとに。肥料切れの時に液肥500倍で施します。

は　種　発芽温度は13度以上、5月中旬以降にまきます。早まきは地温確保の工夫が必要。用土は園芸用は種用土を利用します。3号ビニールポットに用土を入れ4粒程まきます。覆土は種が隠れる程にし、たっぷりかん水し、新聞紙をかけておきます。

かん水　多湿を嫌うので、乾かし気味にし、表土が白く乾いてから。

間引き　本葉1枚頃までに2本に、本葉3枚時に1本とし、本葉4～5枚の苗に仕上げます。

定　植　本葉4～5枚時に、プランターは20cm程の間隔で根鉢を崩さないようにして浅植えします。定植後は十分にかん水します。

摘　心　本葉12枚程で花穂がみえ始めたら花穂に3枚程葉をつけて摘心します。このことによって、側枝が多く発生し、数多く収穫ができます。

収　穫　枝の密になったところの先端の葉を間引くように摘み取り、柔らかい葉はサラダなどに使います。花穂は陰干しして、スパイスとして使います。

バジル

ミント類

シソ科の種類の多い多年草。夏の暑さにはやや弱いが半日陰でも育つ。は種のほか、挿し木、株分けでかんたんに増やせる。

ポイント

作りやすい品種 野菜肉料理に合う**「スペアミント」**、ハーブティーによい**「ペパーミント」**、ハッカ味の**「クールミント」**。

容　器 7～10号鉢、プランター。

用　土 プランター用培養土を利用。

定植数 鉢は2、プランターは3。

肥　料 基肥　苦土石灰5g程、「葉菜専用」5g程／10ℓ。

追　肥 プランターは特A801を1カ月ごとに6g程。肥料切れの時は、液肥300倍。

は　種 4月中下旬にまきます。用土はやや細かいものにバーミキュライトを3割程混入し肥料は入れません。種が細かいので、ばらまきで種の間隔が0・5cm程の薄まきにし、覆土はごく薄く種が見え隠れする程にします。腰水を行い、落ち着いた後、新聞紙をかけます。芽が出かかったら取り除きさっとかん水し徒長させません。

かん水 乾かし気味にし、乾いてからたっぷり。

間引き 葉数2枚までに2cm程の間隔になるように込んだ所を早めに間引きます。

定　植 草丈5cm程の時、18cm程の間隔で植えます。

追　肥 肥料切れは品質低下となるので、収穫後は必ず追肥を液肥でします。

挿し木 5月下旬以降温度が高くなったら、本葉3枚程つけた枝を園芸用さし木用土などに3cm程の深さに挿して半日陰におくと10日程で発根してきます。

株分け 2～3年に1回、春か初秋に株分けし、新しい土に植えます。

収　穫 春から夏にかけて柔らかい葉を摘み取ります。混み合ってくると病気にかかりやすくなるので、常に風通しが良くなるようにしておきます。乾燥させて利用する場合は開花直前に枝ごと摘み取り、陰干ししておくと、もっとも香りがよい。

利用法 野菜や肉料理、ハーブティー。

ペパーミント

アップルミント

パイナップルミント

加賀野菜

その土地の気候、風土が育てあげた野菜が地場野菜といわれるものです。代表的なものに京野菜があります。石川県では1992年ごろ、松下良氏を中心に加賀野菜保存懇話会が発足しました。その後金沢市農産物ブランド協会が「加賀野菜」と認定した野菜が15品目あります。2019年時点で打木赤皮甘栗かぼちゃ、さつまいも、源助大根、二塚からしな、加賀太きゅうり、金時草（きんじそう）、加賀つるまめ、ヘタ紫なす、加賀れんこん、金沢一本太ねぎ、たけのこ、せり、赤ずいき、くわい、金沢春菊です。ここではよく知られたものとして金時草や加賀つるまめなどをとりあげます。

金時草（きんじそう）（畑・プランター）

病気も少なく、放っておいても長期間収穫

ポイント

- 生育適温20～25度で温暖な気候を好み、暑さに強い。
- 春から夏秋の栽培に適する
- 土壌適応性は広いが、有機質に富み、通気性、保水性ともにある土を好む
- やや酸性（pH6.0～6.5）を好む
- 在来種を手に入れ、挿し木でふやす

定植準備（5／1～5）

定植10日程前に1平方m当たりみのり堆肥VSを2kg程、苦土石灰100g程を施し耕しておきます。基肥として7日程前に1平方m当たり「葉菜専用」を100g程を施し耕しておきます。定植前日、高さ12cm、幅90cm程の畝を作り、たっぷりかん水し湿らせておきます。マルチを使うと保湿効果が高くなります。

苗購入、挿し木（4／30～5／5、5／20～30）

園芸店で販売しているものを購入します。地温が12度を超えないと発根しないので、急がないようにします。早く植えたいときはポリエチレンでマルチをしておくとよいでしょう。大きなプランターに3株植えて暖かい所に置いてもよろしいです。気温が20度を超え地温が15度近くになった頃から挿し木が可能になります。方法は、プランターか素焼きの6号浅鉢を使い、用土は園芸用さし木用土等、無菌で発根しやすい土に本葉2～3枚つけた茎を鋭利なかみそりで切ったものをさします。湿気を保ちながら日陰の暖かいところで10日程置くと発根してきます。発根したら日に当て徒長を防ぎます。挿し木後20日ぐらいで12cm程のビニールポットに鉢上げします。2週間程で苗ができます。温度が高いと、いとも簡単に発根します。

育苗中の金時草

定植（5／10～5／15）

本葉4～5枚時、50cmの間隔で深さ5cm程に定植します。深植えは禁物。定植した後たっぷりかん水し、活着を促します。雑草は初期除草を心がけ、こまめに取ります。黒マルチをすると雑草が生えず、栽培が容易です。プランターの場合も同じ要領で定植します。大きめの容器が作りやすいです。

追肥（6／20～10／5）

1回目は定植後40日程で「すぐ効く追肥専用」を1平方m当たり20g程施し除草、中耕、土

成育中の金時草

寄せします。2回目以降は、ほぼ20日ごとに収穫後、随時行います。マルチの場合はまくり上げ、マルチの下に量を減らして与えます。

茎の長さが20cmほどになったら収穫します

プランターでの金時草栽培

収穫（6／30～10／20）

定植後50日程で、茎の長さが20㎝程になった頃が収穫の目安となります。先の方から18㎝程切り戻します。収穫後、追肥やかん水を怠らず生育が順調ならその後側枝が次々と生育し、収穫が続きます。とり遅れると質が落ちてくるので、若いうちにとることを心がけます。気温の低い朝のうちにとったものが質もよく日持ちがします。

加賀つるまめ

花はフジの花に似て、つる性でさやの形が千石船に似ており、また「だら」ほどよくなることから、いろいろな名前がつけられました。この地域で古くから多くの人達に様々な場所で作られてきた、手間いらずのおかずまめとして重宝な野菜です。独特の「えぐ味」は郷愁を誘います。

ポイント

- 高温乾燥に強いが低温に極めて弱い。生育適温は24～28度
- 保水性のある砂壌土で微酸性（pH6.5～7.0）を好む
- 連作を嫌う
- 赤花種と白花種があるが赤花種が作りやすい
- インゲンに準じて作るが直播き栽培が作りやすい

加賀太きゅうり

かたうりに近いくらいの太いキュウリで、金沢市近郊の久安で栽培されてきた全国的にも珍しい野菜です。涼しさを感じる独特の味が、酢のものやあんかけとして夏の食卓に利用されてきました。さわやかなキュウリのかおりも度を越えると苦味になります。ストレスの少ない栽培を心がけます。

ポイント

- キュウリに準じて作るが低温に弱いので植え急がない
- 肥料切れ、乾燥、高温などが苦味発生の原因となりやすい
- 果実が大きいので、葉数を確保し摘果を確実に行う

ヘタ紫なす

犀川河畔の豊かな土がこのナスを育てました。からし漬けやぬか漬けにぴったり合います。程良い味のぬか漬けのこのナスは、口の中でぬったりとしてまつわりつくような柔らかさで、夏の食欲不振を忘れさせてくれます。

ポイント

- ナスに準じて作るが、肥料切れや乾燥は他のナス以上に皮を硬くし、品質を低下させる
- 整枝、摘葉をこまめに行い草勢の維持に努める。特に切り戻しせん定は良質のナスを収穫するのに効果がある

源助大根

金沢市近郊の打木で栽培されてきました。やや短めの総太のダイコンで、多汁で柔らかく適度の甘さがあることから、おでんやふろふきの煮物として、大変人気の高いダイコンです。近年では個体変異が多くなったことから、営利栽培の量が減りましたが、家庭栽培で作り続けたい、おいしいダイコンです。

ポイント

- 夏まきダイコンに準じて作る
- 早まきしすぎると品質低下や病害虫の発生を招くので、適期まきを心がける

Q&A 2

Q23 なるべく農薬を使いたくありません。マリーゴールドやニラを混植しましたが効果はありますか。

A　ありますが限定されます。マリーゴールドは、ある線虫に駆除効果が認められていますし、ニラは殺菌効果があるといわれています。しかし、これらを栽培したからといって期待されるだけの効果はないと思います。

Q24 農薬は種類が多いし狭い我が家では保管場所もごくわずかです。トマト、キュウリ、ナス、コマツナを植える程度ですが、最低これだけは買っておいたほうがよいという農薬は何でしょうか。

A　病害虫の少ない野菜（イモ類、ネギ、タマネギ、ニラ、ダイコン、ニンジン等）の栽培に切り替えることをお勧めします。質問の野菜は病気にかかりやすく、害虫も多いのでそれに対応した農薬が必要です。農薬の項にいくつか紹介しましたので参考にしてください。

Q25 キュウリの側枝は2葉残して摘心するとありましたが、2枚目の葉が出たらすぐ摘心するのでしょうか。

A　2枚目の葉が確認できる大きさになったとき成長点を葉2枚残して摘み取るので、2枚目の葉が大きく展開したときではありません。摘心、整枝は遅れると草勢を急に止めることになるので早めに行います。

Q26 整枝が遅れたのでハサミで整枝したら病気が発生しました。

A　整枝が早ければ組織が柔らかいので、手で行うことができ野菜のショックも小さくて済みます。早めの対応が第一です。刃物を使う場合はまずよく切れること、次に晴天の乾燥しやすい時に行うこと、そして器具を消毒してから使い、整枝後、薬剤散布をするようにします。

Q27 うっかりして取るべきわき芽が伸びてしまい、手では摘めなくなりました。このまま伸ばして実をならせればよいのでしょうか。

A　かまいませんが、品質はかなり落ちて小さいものが数多く出来ると思います。気がついたら切れるハサミですぐに切りましょう。

Q28 肥料の施し方を誤ったらしく、窒素過多で草勢ばかり強く、落花もあります。株の周囲の土を掘って他の土と入れ替えるとよいのでしょうか？

A　手遅れです。一度体に入ったものを出す方法はありません。土を入れ替えても効果はありません。ただ、根を切ることによって吸収を抑える効果はあります。また強めの整枝、せん定、摘葉でバランスをとる方法もありますがお勧めしません。

Q29 サトイモの土寄せが遅れ梅雨明け後に除草しながら土寄せしましたが、8月に葉枯れが目立ちイモの肥大も悪かった。

A　適期管理、処理を心がけましょう。「野菜はいきもの」です。その時そのときに必要なことを施して初めて期待した形でかえってきます。土を削るということは、根を削るということと同じであることを認識してください。

Q30 真夏、乾燥が激しくキュウリがしおれてきたので日中に水たまりが出来るくらいかん水したら、しおれが激しくなり、病気も出だしました。

A　真夏のかん水でよく失敗する例です。高温のときのかん水は植物から大量のエネルギーを奪います。しおれが激しくなり回復しません。程度の悪い夏風邪をひかせたのと同じです。夕方涼しくなってからたっぷりかん水するか、早朝涼しいうちに十分かん水するようにします。

Q31 秋まきハクサイのは種が、指定期間より1週間程遅れましたが、結球するでしょうか？

A　結球しますが程度が問題です。結球に必要な外葉の枚数とその葉面積に応じて結球の大きさと質が決まります。まき遅れると外葉の数と面積が確保できないため小さいか、しまり具合の悪いハクサイになりやすくなります。

Q32 冬に収穫できるようにダイコンの種を指定より10日程遅らせてまきましたが、途中で寒くなって生育が止まってしまいました。

A　ダイコンの最低生育温度を超えて地温が下がったのでしょう。それで肥大は止まります。そのまま放置しておきますと翌春「とう」が立ち花が咲いてきます。ダイコンの使用用途は広いので小さくても利用できる漬物に利用してください。たくあん用のダイコンは太いと乾燥などで困りますので、わざわざ遅くまきます。

Q33 家庭菜園で作った野菜は日もちしません。なぜですか。

A　家庭菜園の栽培目的は、新鮮なものを安全に食べることですから日持ちしないはずです。営業用に栽培するものは、店で日持ちをよくするためのいろいろな工夫がされているのです。

Q34 エンドウの種まきを例年より遅れてしまいました。例年より早く雪が降ったせいか、まだ発芽していません。このまま育てても、いつものように収穫できますか。

A　程度にもよりますが、「遅まきながら」は「おそまつ」に通じます。エンドウは植物体がある程度の大きさになった時期に、ある程度の低温にある程度の期間合うと植物体の中に花芽分化する性質（グリーンバーナリゼーション）があります。従って冬前にはエンドウの大きさが本葉2～3枚になっていることが良いとされています。このことから地域によって、は種適期は違います。地域の先人たちが守っている時期は失敗が少ないといえます。

　この質問の発芽していない現象は、遅まきすぎたため低地温で発芽せず、腐敗している可能性があります。その場合は、春先に園芸店でエンドウ苗が販売されていますので、それで代用できますが、適期適作したものより収量は劣るでしょう。

Q35 タマネギが毎年とう立ちするので、例年より細い苗を遅く植えました。しかし年末になっても大きく成長しません。冬前に追肥して成長を促したいと思いますがどうでしょうか。

A　細い苗から大きいタマネギの収穫を望むのは無理があります。細い苗はとう立ちの危険性は少ないけれど、耐寒性耐雪性が、太い苗より劣ります。だからといって冬前の追肥はおすすめできません。

　一般的に植物は冬に休眠します。休眠中の生理活動は停滞ないし休止します。冬前の追肥は、眠りに入った子供を起こして、親がおいしいと思った食物を与えるのに似ています。

　大寒が明け、立春を迎えてから与えた方が良いでしょう。

野菜づくりの手引き

それぞれの野菜の性質を知ったうえで作業を。
人間の都合に合わせても良い結果は期待できません。

連作に注意
ひとつの場所で同じ科の野菜を連続して作らないように

連作とは同じ畑に続けて同じ野菜を作ることです。連作すると、土から伝染する病原菌や害虫、土壌線虫等の密度が濃くなり発病しやすくなります。また根から出る毒素によって自家中毒を起こしたり、養分や肥料の吸収が偏りバランスが悪くなるなどの傾向があります。これらは偏食の人が病気や怪我に弱いということと似ています。

これを防止するためには畑を毎年変える輪作と野菜の種類を変える輪作があります。ただ野菜には連作に強いものときわめて弱いものがありますので、これを覚えて対応します。ここではきわめて弱いものと弱いものをあげます。

きわめて弱い（5年休む） エンドウ、サトイモ、ゴボウ、トマト、ナス、ピーマン、スイカ

弱い（3年休む） キュウリ、露地メロン、インゲン、ソラマメ

次に種類が違っても同じ科のものは、同じ性質や病気をもっているため連作になります。人間に例えると血のつながった親戚のようなものです。例を次にあげます。

ウリ科 キュウリ、メロン類、スイカ、カボチャ

ナス科 ナス、トマト、ピーマン、ジャガイモ

マメ科 インゲン、エンドウ、ソラマメ、エダマメ

アブラナ科 ハクサイ、コマツナ、キャベツ、芽キャベツ、カリフラワー、ブロッコリー、ダイコン、カブ

ユリ科 タマネギ、ネギ、ニラ、ニンニク

キク科 レタス、リーフレタス、サラダナ、シュンギク

セリ科 パセリ、ニンジン

さらに、科が違っても共通の病害虫があります。このときは、科が違った種類の野菜を作っても連作になります。例を次にあげます。

土壌線虫、軟腐病→トマト（ナス科）、キュウリ（ウリ科）、ダイコン（アブラナ科）

最後に、それぞれの科共通の病害虫がいなくても生態が似ている場合は違った種類の野菜を作っても連作になります。例を次にあげます。

浅根性→ホウレンソウ（アカザ科）、コマツナ（アブラナ科）、シュンギク（キク科）、短根ニンジン（セリ科）

この場合は干ばつ、肥料やけを受けやすくなります。

これらの対策として容器栽培、土壌消毒、抵抗性品種の利用、接ぎ木苗の利用、天地返し、畑の掃除（被害株や収穫後の残り株処理）有機物の投与等があります。

肥料
窒素、燐酸、加里の働きの違いをよく理解して

ここではワンランクアップのための肥料の使い方を紹介します。簡便な使い方は本編の個別の野菜の項目、および6ページの「本書で利用する肥料一覧」をご覧下さい。

肥料は人間の食料に似ています。いろいろな成分がバランスよくあるか、その野菜にとってふさわしいかを考えず、その効き方や性質がどのようなものかを知らないで**「与えておけば野菜が適当に吸収するだろう」**では、子供にお金を与え、おなかが空いた時や、食べたい時に、いつでもどこでも食べたいだけ食べなさいというのに似ていて、**決して健全には生育しません。**

肥料不足で失敗する例はまれで、無知や与えすぎによる失敗が多いようです。具体例を挙げれば、窒素過多はアブラムシを誘い、トマトの尻腐れの誘因となり、人間の肥満と似ています。

肥料の施し方の基本的な考えとしては、「への字型」肥効曲線を良しとします。「への字型」とは、生育前半は少なめ、生育盛期は多く、盛期を過ぎれば少なくする施し方です。

人間に当てはめると、赤ん坊は乳だけで育ち、育ちざかりはもりもり食べてグングン育つ。青年期で体が出来上り、成長は止まる。青年期を過ぎれば生命維持程度の栄養があればよいということです。

肥料の成分、性質や種類を知ることが大切です。成分は13元

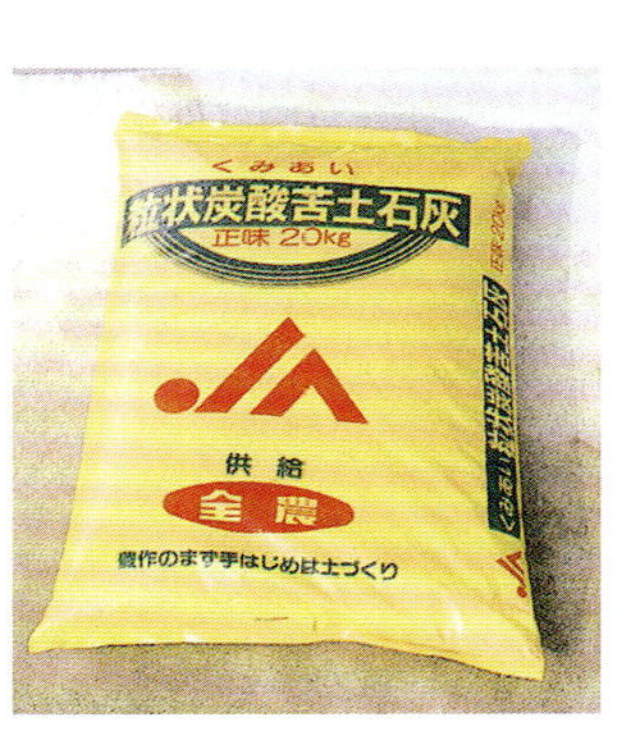

苦土石灰。酸性が強い日本の土は中和し適正pHにしなければいけない

素があります。そのうち大量要素といわれるものが**窒素（N）、燐酸（P）、加里（K）**で肥料の3要素です。

Nは**葉肥え**といわれ葉や茎を大きくします。

Pは**実肥え**、花肥えといわれ花や果実の成長に大きくかかわります。また、根の伸びに欠かせない成分です。目に見えない中身の生長を大きく育てます。

Kは**根肥え**といわれ根の張りを良くし、植物体を丈夫にし病害虫に対して強くなります。

この3つは人にとっての3大栄養素、炭水化物、脂肪、蛋白質に当たり、3つ揃ってバランスがとれていなければ健全に生育しません。次に中量要素に石灰（Ca）、苦土（Mg）があり、更に微量要素として硫黄（S）、鉄（Fe）、ホウ素（B）、亜鉛（Zn）、マンガン（Mn）、モリブデン（Mo）、塩素（Cl）、銅（Cu）など8元素があります。これらは人にとってのビタミン類や無機塩類に当たると思います。これら全てが作物の健全な生育に必要なものです。

次に性質と種類で分けるとつぎのようになります。

1　アルカリ性肥料と酸性肥料
2　速効性肥料と緩効性肥料
3　有機質肥料と化学肥料、化学肥料には単肥と複合化成肥料

化学肥料は使いやすくて便利ですが、近年いろいろと問題点が挙げられています。私流にいえば有機質肥料は主食で化学肥料は間食みたいなもので、間食だけの食生活で健康な体はできません。したがって**化学肥料は使えばよいが、頼ってはいけない**ということです。石川県野菜園芸協会の栽培指針にある肥料は80種類程あります。これを参考にして家庭菜園に便利な肥料を用途別に取り上げてみます。

1　酸度調整

たいがいの畑は酸性が強いので、アルカリ性肥料で中和し適正pH（ペーハー）にしなければなりません。アルカリ性肥料のうち、家庭菜園で使われているもので主なものは、消石灰、苦土石灰、有機石灰があり、形状では粉状と粒状がありますが、粒状のものが作業性が良いと言えます。消石灰はpH13・4、苦土石灰はpH9・7、天然石灰はpH9・7〜9・4であることから、**消石灰**が中和するのに最も効果的でよく使われますが、**この肥料は速効性チッソ肥料と反応してアンモニアガスを発生させたり、土を単粒化させるという問題点がある**ため、**は種、定植の約30日前**に堆肥散布と同時に使用しなければならない制約があります。

これを改良して使いやすくしたものが**苦土石灰**で、**10日程前**に使用すれば問題が少なくなりますが、完熟堆肥と同時に使用し、肥料との同時散布は避けるべきです。そして**消石灰の30％増し**を与えるのが良いと思います。

有機石灰といわれるものは石灰岩やカキ殻等を粉砕したものです。多孔質の構造を持ち、ミネラルを豊富に含んだ動物性のもので、速効性チッソと同時散布してもアンモニアガスが発生しないことから、は種や定植**直前に散布**しても害がないと言われています。しかし効果発生が遅く、その量も**消石灰の50％増し**が必要です。

ただその使用量は野菜の種類やその時の畑のpHによって違います。基準通りにやっても良くならないことがあります。

pH測定器でpHを調べ、目標pH値にするための必要量を計算して与えます。

具体例で、ナスの目標pHが6・5、測定pHが6・5なら必要ありません。測定pHが5ですと必要な消石灰量は1平方m当たり120

燐硝安加里で重量を量った。まず両手いっぱいでは約350ｇだった

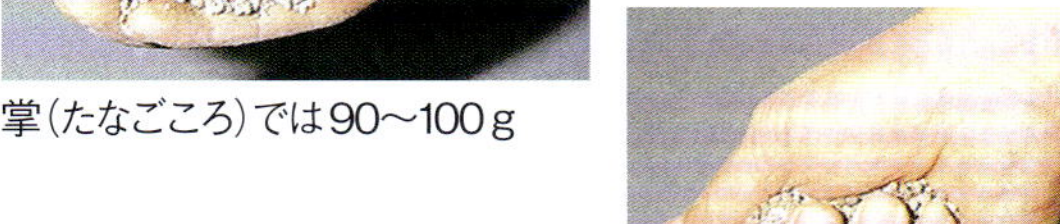

掌（たなごころ）では90〜100ｇ

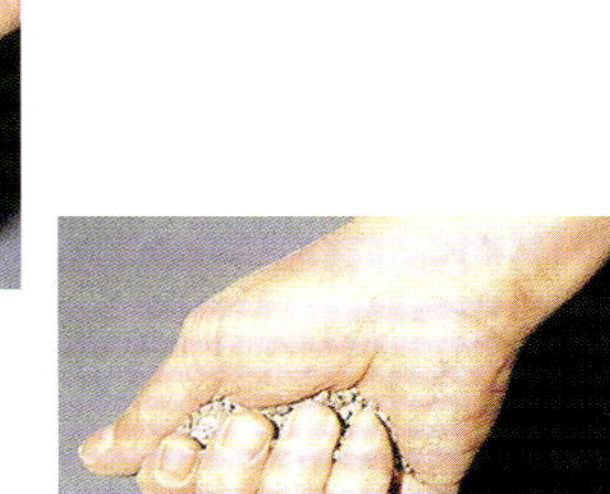

一握りでは約40ｇ

手前右から小さじ一杯1〜2ｇ、中さじ一杯5〜6ｇ、大さじ一杯約12ｇ、コップ一杯約200ｇ、ひしゃく一杯約1000ｇ

g程、苦土石灰なら150g程、天然石灰では180g程となります。参考に消石灰による酸度矯正量を載せましたので参考にしてください。

　また、全ての野菜に石灰施用が有効というわけではありません。**石灰施用で増える病気、減る病気**があるので左の表を参考にしてください。

　苦土石灰（粒状、アルカリ分55%・Mg15%）が使いやすいと思うので本書では苦土石灰を採用しています。

消石灰による酸度矯正量

現在pH	目標pH		
	5.5	6.5	7
4	80g	160g	200g
5	40g	120g	160g
5.5	―	80g	120g
6	―	40g	80g
6.5	―	―	40g

酸度矯正のための1平方m当たりの消石灰のおおよその施肥量（土壌により効果は異なる）

石灰施用で増える病気、減る病気

増える病気	減る病気
ナス科青枯病、ジャガイモそうか病、白紋羽病、ホウレンソウ苗立枯病、コムギ立枯病	つる割病（キュウリ、スイカ）、萎凋病（トマト、ゴボウ）、白絹病（ラッカセイ、トマト、ピーマン）、紫紋羽病、サツマイモ紫紋羽病、根こぶ病（ハクサイ、キャベツ）

2 基肥

　基礎になる肥料です。緩効性の複合化成肥料を使います。**定植や、は種の7日程前**に散布します。
　複合化成肥料としては**粒状固形30号（10・10・10）**、**サンフルーツ化成989号（9・8・9・Mg1）**、**尿素化成日の本2号（12・8・10）**、**燐硝安加里604号（16・10・14）**、**苦土有機入り化成特A801号（8・8・8）**等がおすすめです。中でも特A801号は有機含量が35%で低濃度であることから、与え過ぎによる失敗の少ない肥料といえます。
※（　）内の数字はNPKの成分%を表します。
　日の本2号と燐硝安加里は高濃度の速効性化成肥料なので、量を少なくするか追肥としても使います。

　燐酸質肥料は雨などでながされることがないので基肥として必要分を全量施し、追肥として使うのはまれです。**過燐酸石灰（P17・5）よう燐（P20・Mg12・Si20）**、**重焼燐（P35・Mg4.5）**があります。有機質肥料の**菜種油粕（5・2・1）**、**発酵鶏糞（2.0・5.7・4.5）**は肥効が現れるのに時間がかかることから、30日程前に基肥として与えます。

3 追肥

　生育中に与える肥料です。速効性の化成肥料、単肥、液肥を使います。種類によっては緩効性肥料も使います。

　追肥用の複合化成肥料としては**燐硝安加里604号、尿素化成日の本2号、粒状固形36号、苦土有機入り化成特A 801号**。単肥としては**尿素（N46）、硫酸加里（K50）**。液肥は**液肥2号（10・5・8）**があります。やり方は肥料を根に与えるのではなく、肥料のある所に根が伸びてくるような与え方をします。

4 その他

石灰窒素（N20）は、pH調整、土壌消毒に使います。

粒状固形30号プラス

尿素化成日の本2号

燐硝安加里604号

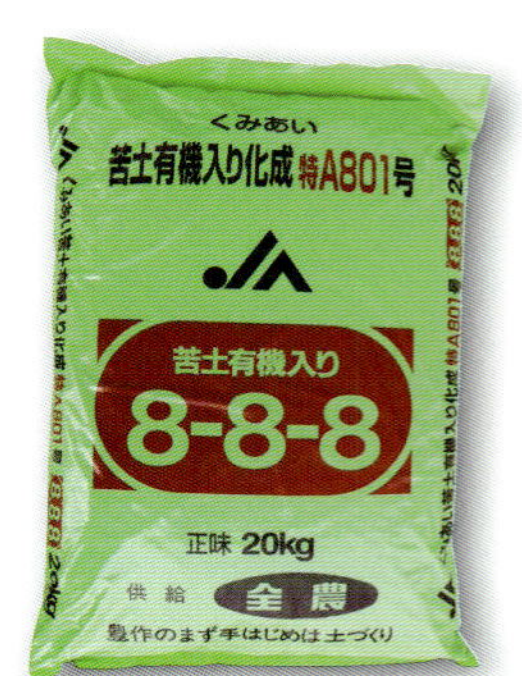

苦土有機入り化成特A801号

施肥計画

家庭菜園タイプ（青） / 上級タイプ（黄）

単位：g／㎡

品名	タイプ	石灰散布	量	堆肥	量	堆肥	量	基肥	量	基肥	量	基肥	量	基肥	量	追肥	量	追肥	量	追肥	量
トマト・ミニトマト	家庭菜園	苦土石灰	150	みのり堆肥VS	1000	–	–	果菜専用	50							すぐ効く追肥専用	15	(上記4回程)			
トマト・ミニトマト	上級	苦土石灰	150	完熟堆肥	1000	過石	30	固形30号	60							サンフルーツ	20	(上記4回程)			
ナス(畑)	家庭菜園	苦土石灰	130	みのり堆肥VS	2000	–	–	果菜専用	200							すぐ効く追肥専用	40	(上記5回程)			
ナス(畑)	上級	苦土石灰	130	完熟堆肥	2000	過石	20	サンフルーツ	200	重焼燐	40					サンフルーツ	40	(上記5回程)			
ピーマン(畑)	家庭菜園	苦土石灰	130	みのり堆肥VS	2000	–	–	果菜専用	180							すぐ効く追肥専用	25	(上記5回程)			
ピーマン(畑)	上級	苦土石灰	130	完熟堆肥	1500	よう燐	20	固形30号	160	油粕	90	S604	20			S604	20	(上記5回程)			
オクラ(畑)	家庭菜園	苦土石灰	180	みのり堆肥VS	2000			果菜専用	160							すぐ効く追肥専用	20	(上記2回程)			
オクラ(畑)	上級	苦土石灰	180	完熟堆肥	2000	–	–	サンフルーツ	160	重焼燐	20					S604	20	(上記2回程)			
キュウリ(畑)	家庭菜園	苦土石灰	150	みのり堆肥VS	2000	–	–	果菜専用	200							すぐ効く追肥専用	20	(上記4回程)			
キュウリ(畑)	上級	苦土石灰	150	完熟堆肥	2000	過石	10	固形30号	100	油粕	60	S604	20	よう燐	30	S604	20	(上記4回程)			
トウモロコシ	家庭菜園	苦土石灰	120	みのり堆肥VS	3000	–	–	果菜専用	250							すぐ効く追肥専用	30	根菜専用	35		
トウモロコシ	上級	苦土石灰	140	完熟堆肥	3000	よう燐	20	固形30号	200	S604	20					S604	30	S604	30		
ジャガイモ	家庭菜園			みのり堆肥VS	2000			いも豆専用	140							すぐ効く追肥専用	10	(上記2回程)			
ジャガイモ	上級			完熟堆肥	2000			固形30号	140	よう燐	60					S604	10	硫加	6	(上記2回程)	
パセリ	家庭菜園	苦土石灰	120	みのり堆肥VS	2000			葉菜専用	40							すぐ効く追肥専用	10	(上記3回程)			
パセリ	上級	苦土石灰	120	完熟堆肥	2000			固形30号	40	S604	20					特A801	10	S604	5	(上記3回程)	
サツマイモ	家庭菜園							いも豆専用	50												
サツマイモ	上級	過石	40	草木灰	400			固形30号	40												
サトイモ	家庭菜園			みのり堆肥VS	250			いも豆専用	120							すぐ効く追肥専用	40	すぐ効く追肥専用	70	いも豆専用	20
サトイモ	上級			完熟堆肥	2000			特A801	110	重焼燐	30					特A801	45	特A801	80	硫加	15
カボチャ	家庭菜園	苦土石灰	100					果菜専用	50							すぐ効く追肥専用	30	すぐ効く追肥専用	40		
カボチャ	上級	苦土石灰	100	完熟堆肥	1000			サンフルーツ	50							特A801	30	S604	30		
ズッキーニ	家庭菜園	苦土石灰	100					果菜専用	100							特A801	20				
ゴーヤ	家庭菜園	苦土石灰	150	みのり堆肥VS	2000			果菜専用	100							特A801	30	(上記2回程)			
エダマメ	家庭菜園	苦土石灰	120					いも豆専用	80												
エダマメ	上級	苦土石灰	120	完熟堆肥	1000			サンフルーツ	80	よう燐	20	S604	10								
インゲン(畑)	家庭菜園	苦土石灰	160					いも豆専用	80							すぐ効く追肥専用	20				
インゲン(畑)	上級	苦土石灰	160	完熟堆肥	1000			特A801	90	よう燐	40					S604	20				

単位：g／㎡

品名	石灰散布		堆肥				基肥										追肥					
シソ(畑)	苦土石灰	120					葉菜専用	70									すぐ効く追肥専用	5				
	苦土石灰	120	完熟堆肥	1000			特A801	110	よう燐	10							S604	20				
スイカ	苦土石灰	80	みのり堆肥VS	2000			果菜専用	50									果菜専用	30	(上記2回程)			
	苦土石灰	80	完熟堆肥	2000	過石	10	特A801	110	S604	20	よう燐	20	骨粉	40			サンフルーツ	30	(上記2回程)			
メロン	苦土石灰	120	みのり堆肥VS	2000			果菜専用	80									すぐ効く追肥専用	20	(上記1回程)			
	苦土石灰	120	完熟堆肥	2000			特A801	65	日の本2号	10	よう燐	20	骨粉	40	油粕	60	日の本2号	20				
コマツナ	苦土石灰	80	みのり堆肥VS	2000			葉菜専用	100									すぐ効く追肥専用	20				
	苦土石灰	80	完熟堆肥	2000			特A801	90	S604	40							S604	20				
ゴボウ	苦土石灰	170	みのり堆肥VS	2000			根菜専用	100									すぐ効く追肥専用	30				
	苦土石灰	170	完熟堆肥	2000			特A801	55	サンフルーツ	50	乾燥鶏糞	200					特A801	30	S604	20		
ニラ	苦土石灰	180	みのり堆肥VS	2000			葉菜専用	150									すぐ効く追肥専用	50	すぐ効く追肥専用	100	(上記2回程)	
	苦土石灰	180	完熟堆肥	2000			特A801	155	S604	20	乾燥鶏糞	100	よう燐	40			特A801	55	特A801	110		
キャベツ	苦土石灰	120					葉菜専用	150									すぐ効く追肥専用	30	すぐ効く追肥専用	40		
	苦土石灰	120	完熟堆肥	2000			特A801	130	日の本2号	80	重焼燐	20					S604	30	S604	40		
ダイコン	苦土石灰	100					根菜専用	60									すぐ効く追肥専用	20	すぐ効く追肥専用	25		
	苦土石灰	100					特A801	35	S604	20	重焼燐	20	FTE	5			日の本2号	20	日の本2号	25		
ハクサイ	苦土石灰	140					葉菜専用	120									すぐ効く追肥専用	30	すぐ効く追肥専用	40		
	苦土石灰	140	乾燥鶏糞	1500			日の本2号	80	S604	40	重焼燐	20					S604	30	S604	40		
芽キャベツ	苦土石灰	120	みのり堆肥VS	2000			葉菜専用	150									すぐ効く追肥専用	30	すぐ効く追肥専用	40		
	苦土石灰	120	完熟堆肥	2000			特A801	130	日の本2号	80	重焼燐	20					S604	30	S604	40		
レタス	苦土石灰	120	みのり堆肥VS	2000			葉菜専用	120									すぐ効く追肥専用	20				
	苦土石灰	120	完熟堆肥	2000			特A801	130	日の本2号	80	重焼燐	30					S604	20				
ネギ	苦土石灰	100	みのり堆肥VS	2000			ジャック根菜	100									葉菜専用	10	根菜専用	30	根菜専用(上記1回程)	40
	苦土石灰	100	乾燥鶏糞	2000			固形30号	100	S604	40	よう燐	50					S604	10	日の本2号	30	日の本2号	40
ブロッコリー	苦土石灰	120	みのり堆肥VS	1500			葉菜専用	150									すぐ効く追肥専用	30	すぐ効く追肥専用	40		
	苦土石灰	120	完熟堆肥	2000			特A801	130	日の本2号	80	重焼燐	20					S604	30	S604	40		
カリフラワー	苦土石灰	120	みのり堆肥VS	1500			葉菜専用	150									すぐ効く追肥専用	30	すぐ効く追肥専用	40		
	苦土石灰	120	完熟堆肥	2000			特A801	130	日の本2号	80	重焼燐	20					S604	30	S604	40		
カブ	苦土石灰	100	みのり堆肥VS	1000			根菜専用	80									根菜専用	20	根菜専用	25		
	苦土石灰	100	完熟堆肥	1000			特A801	35	S604	20	重焼燐	20	FTE	5			日の本2号	20	日の本2号	25		

小カブ	苦土石灰	100	みのり堆肥VS	1000			根葉専用	80							根葉専用	20	ジャック根菜	25		
	苦土石灰	100	完熟堆肥	1000			特A801	35	S604	20	重焼燐	20			日の本2号	20	日の本2号	25		
シュンギク	苦土石灰	100	みのり堆肥VS	2000			葉菜専用	100							すぐ効く追肥専用	20				
	苦土石灰	100	完熟堆肥	2000			特A801	90	S604	40					S604	20				
ホウレンソウ	苦土石灰	200	みのり堆肥VS	2500			葉菜専用	100							すぐ効く追肥専用	20				
	苦土石灰	150	完熟堆肥	2500			特A801	90	S604	40	よう燐	20			S604	20				
ニンジン	苦土石灰	120					根葉専用	230							根葉専用	30	根葉専用	30		
	苦土石灰	120					固形30号	220	よう燐	20					日の本2号	30	日の本2号	30		
サラダナ	苦土石灰	130	みのり堆肥VS	1500			葉菜専用	150												
	苦土石灰	130	完熟堆肥	2000			特A801	90	S604	40					S604	20				
イチゴ	苦土石灰	80	みのり堆肥VS	3000	–	–	果菜専用	120							果菜専用	40				
	苦土石灰	80	完熟堆肥	2000			サンフルーツ	100	固形30号	80	重焼燐	40	硫加	15	特A801	40	特A801	40	特A801	30
ニンニク	苦土石灰	120	みのり堆肥VS	2000			根葉専用	80							すぐ効く追肥専用	30	根葉専用	50		
	苦土石灰	120	完熟堆肥	2000			特A801	45	S604	20	重焼燐	40			S604	30	日の本2号	50		
ソラマメ	苦土石灰	150	みのり堆肥VS	2500			いも豆専用	80							すぐ効く追肥専用	10				
	苦土石灰	150	完熟堆肥	2000			特A801	90	よう燐	20	硫加	5			S604	10				
タマネギ	苦土石灰	120	みのり堆肥VS	2000			根葉専用	80							根葉専用	50	根葉専用	50		
	苦土石灰	120	乾燥鶏糞	2000			日の本2号	40	重焼燐	30	S604	30			S604	50	日の本2号	50		
エンドウ	苦土石灰	150	みのり堆肥VS	3000			いも豆専用	80							すぐ効く追肥専用	30				
	苦土石灰	150	完熟堆肥	2000			サンフルーツ	30	よう燐	20					サンフルーツ	30				

※特A801は多くの農家が使っている有機含量が35%の肥料ですが、現在では肥料含量が高い固形30号プラス等も利用されています。

堆肥・コンポスト作り
手間はかかるが健全な野菜作りに最適

野菜の体を形成しているものは、有機物です。**有機物を作るには有機物が最も良いのです。無機物で有機物を作ることはかなりの無理があります。**無理なものは難しいのです。

化成肥料中心で栽培を続けると、養分の確保はできても、土の物理性や生物性が衰えてきます。その状態で栽培を続けると、養分過剰になり塩類集積という現象が起きてきます。これは残った肥料が塩となって地表面に現れてくるもので、施設栽培の大きな問題です。わかりやすくいえば、野菜を海水で育てるのとおなじで、食べ残しのあと始末をしない台所のような状態といえます。これが農地の砂漠化といわれる現象です。

化成肥料は便利ですがこれに頼らないで、**有機物を主体にして化成肥料を取り入れていく**考え方が健全な野菜作りといえます。人の健康作りは朝昼夕の食事が主体であり、飲み物や薬が主体でないことに似ています。

堆肥は土の構造を団粒化させます。その結果、水はけと水もちがよくなり、通気性も良くなり、大量の微生物を育てることができます。またその肥料分は植物が生育するため全ての種類をバランスよく含んで効果も長続きします。このように効用は大変多くありますのでぜひ堆肥作りをお勧めします。

堆肥作りはかなりの時間と場所がいりますから、まず場所の確保をしてください。次に踏み込み材料として、落ち葉・枯れ葉やわら、ススキ、葦（あし）、除草の草、せん定枝などを集め、これを積んでいきます。このとき1・2m四方で持ち手のある木枠があると作業がしやすくなります。方法は踏み込み材料を60cm程積み、たっぷり水を浸透させ上から足で30cm程に踏み込みます。ついで米ぬか、菜種油粕、鶏糞などの有機質肥料を、踏み込み材料が隠れる程多めに施し、苦土有機入り特A801をひと握りぱらぱらと与え、コーランなどの酵素剤をふりかけます。この作業を繰り返し高さ1・5m程に積み上げます。その後1年で4回程切り返して積み直すとほぼ使える状態になります。さらに1年積んでおくと堆肥として利用できます。

マンションのベランダでもできるコンポスト作り。密閉型なので臭いもない

コンポスト作りは、家庭で出る生ゴミを堆肥化装置（コンポスター、コンポエース、タイヒエース等）を使って庭や畑で利用すると簡単に堆肥化できます。生ゴミを水切りし、ほぼ等量の乾燥した土を層状に酵素剤・発酵菌（コーラン、バイムフードVS菌、共栄菌等）をふりかけて積んでいきます。1週間に1回混ぜ合わせ1カ月程たって臭いがなければ使えます。

ぼかし肥は有機質肥料と土をあらかじめ堆肥発酵させたものです。材料は米ぬか、鶏糞を主体に油粕、魚かすを加えます。また生ゴミのうち卵殻、残飯、粉砕貝殻、カニ殻を使い、これらの重さの60%程の水を加え混ぜ合わせます。これとほぼ等量の土を層状に容器の中に積みこむか、混ぜ合わせて肥料袋に入れます。その後1週間に1回全体をかき混ぜます。高温期で1カ月、低温期で2カ月程たてば使えるようになります。作ったらできるだけ早く使います。

プランター用土作り
良い土作りが栽培成功の絶対条件

野菜が順調に育つためには良い土作りが大切です。**作物作りは土作り**と昔からいわれています。まして限られた容器の中での栽培ですから土作りが全てといえます。良い土とはどのような土でしょう。それは土の気相（呼吸に必要な気体の部分）、液相（養水分の供給部分）、固相（養水分の貯蔵部分）のバランスが1：1：1で酸度がpH6・0〜6・5、通気性、保水性、排水性がよく、腐植や有益微生物に富み、養分バランスがとれ、無病である土が良い土です。このような土を作るにはそれなりの時間と材料と作業が必要です。

30日程前までに以下の材料を

準備します。

A 植物性材料　完熟堆肥、腐葉土、バーク堆肥、ピートモス等

B 土材料　田土、赤玉土、庭土、畑土等

C 水はけ改良剤　軽石、日向砂、パーライト、くんたん等

D 肥料　苦土石灰、苦土有機入り特A801

最低30日前に、準備した材料をA3：B3：C1の割合で、水を入れながら適湿で調合します。同時に酸度調整のため1立方メートル（1000ℓ）当たり苦土石灰800gを入れ均質になるよう丁寧に調合します。

調合後、外の水はけの良い場所で透明の農業用ビニールかポリエチレンで密閉し蒸らしておきます。これで太陽熱と発酵熱である程度殺菌され、肥料が分解されて土になじみます。短期間ではできないので余裕を持って早めに行うことが大切です。

7日程前には用土に苦土有機入り特A801約8g／10ℓを入れて再度調合し液肥500倍でかん水し、農ポリなどで覆いなじませておきます。

は種、定植の前日には用土を容器に入れ準備します。土は底に大きいものをいれ排水をよくし、中程はやや粗めで上は細かいものと使い分けます。かん水して農ポリで覆っておくと適湿が確保できます。**ただ近年はプランター用土や鉢土用土が市販されています。少量の場合はそちらの方がおすすめです。**

用土作りの手順

用土の量は普通プランターで15ℓ、大型では30ℓ必要です。計算してから作ります。

①準備するもの。左から赤玉土、日向砂、化成肥料、腐葉土、石灰

②石灰を加えたところ

③赤玉土を加える

④水を加える

⑤まぜる

⑥農業用ビニールをかぶせ2週間はおく

定植準備
いっとき仕事は後で悪い結果を招く

定植後、活着を促進し初期生育を順調にするためには、それまでどの程度の準備をしてあったかで決まります。準備にはそれなりの時間と材料と作業が必要で、俗に**道楽者のいっとき仕事は良くない**といわれます。これは生徒の一夜漬け勉強に似ています。定植には「**備えあれば憂いなし**」を心がけます。

1　定植10日程前→苦土石灰散布、みのり堆肥VS散布、耕起

反応、分解には時間がかかる

酸度調整のため苦土石灰を散布します。一般に畑の土は酸性（pH5・0程）が強いのです。野菜は弱酸性（pH6・5程）を好むものが多いのでアルカリ質肥料で中和し、調整します。反応に時間がかかるので10日程の期間が必要です。

堆肥は腐植となり植物を再生させるものです。自然界ではこの循環が行われます。化学肥料に頼らないでできるだけ多くの有機物を還元します。発酵菌を入れた完熟堆肥でも分解に時間がかかるので10日程の期間が必要です。

この後深く耕しておくことによって、土の中の気相（呼吸に必要な気体の部分）、液相（養水分の供給部分）、固相（養水分の貯蔵部分）のバランスがとれ、酸度調整で化学反応（pH）が適正になり、物理性（通気性、保水性、排水性）が向上し、生物性（有益微生物、腐植）がよくなります。

よい土作りはこの時点でほとんど決まります。この本でとりあげた野菜の生育に適したpHの範囲を表のようにまとめましたので、苦土石灰を施す場合の参考にしてください。

適性区分	適性pH	苦土石灰量 g／m²	野菜名
微酸性～中性	6.5～7.0	140	ホウレンソウ、サラダナ、ゴボウ、エンドウ、ハクサイ、ニラ、ソラマメ、ゴーヤ
やや酸性	6.0～6.5	120	タマネギ、ネギ、インゲン、金時草、キャベツ、カリフラワー、ブロッコリー、レタス、シュンギク、イチゴ、パセリ、ナス、オクラ、キュウリ、ニンジン、カボチャ、エダマメ、シソ、露地メロン、カブ、コカブ、ハツカダイコン、コマツナ、ツマミナ、セージ、チャイブ、バジル、ミント類、ズッキーニ
弱酸性	5.5～6.0	100	トマト、ミニトマト、ピーマン、ニンニク、トウモロコシ
酸性	5.0～5.5	80	ジャガイモ、サツマイモ、サトイモ

全面に石灰散布

畝立て

荒起こし

2　定植7日程前→基肥散布、耕起（地温確保）

NPKの成分%が高い速効性の化成肥料だけで済ませるのは危険

完熟堆肥、緩効性化成肥料（NPKの成分パーセントが高

くないもの）、燐酸肥料など定植前に基礎となる肥料を散布します。燐酸肥料は全量をこのとき施し、再び耕します。これで土がかなり細かくなり肥料がなじみやすくなります。地温の低い春はこのとき透明マルチをかけると7日程で2度程上昇します。

3　定植前日→畝たて、整地（マルチ）

通路を作って、排水を良くし、通気性を高め、地温を確保するために畝を作ります。幅や高さは、土の性質や野菜の種類によって違います。一般的な土（壌土）の畝は幅90cm高さ12cmで通路30cm程です。砂地（砂壌土）では低く、粘土質の多い水田地帯の土（植壌土）では高くします。スイカ、露地メロンなどの場合は2m近く幅を広くとります。うすいカマボコ形に仕上げることが大切で、降雨時の排水効果があります。このときマルチをしておくと栽培しやすくなります。

マルチング

作業をしやすくするマルチ
種類と特徴を知って使い分けを

地面をもので覆うことをマルチングといいます。敷きわらもその一つです。園芸用資材として農業用ポリエチレンマルチ・通称「マルチ」があります。

マルチングの効果

1　土からの水分蒸発を抑え適湿を保持する。
2　地表面が乾燥するので病気が出にくい。
3　肥料が流れにくく少なくてすむ。
4　透明や黒マルチは地温上昇、白黒や銀マルチは地温降下に使える。
5　黒や白黒マルチは光を通さないので雑草の防除に効果がある。
6　イチゴなどでは果実が汚れにくい。

マルチングの種類

1　透明マルチ（通称白マルチ）　地温上昇効果は高いが雑草が繁茂しやすい。

2　黒マルチ　雑草抑止効果が高く、地温上昇効果は少しあるが、夏は強光線でフィルムが熱くなり野菜が焼ける危険性がある。

3　白黒マルチ　雑草防止効果が高く、地温上昇は少ない。夏の栽培に適する。

4　シルバーマルチ　雑草防止効果は高く、地温降下が認められる。夏の栽培に適する。

5　敷きわら　表面が乾燥し裏は適湿を保ち、地温上昇を抑えるとともに、抑草効果があり、つるを安定させ使用後は優れた有機物となって畑に還元される。わらが手に入りにくくなったことから雑草敷き、堆肥マルチなどが工夫されている。

夏野菜

高温、強光、乾燥に強い野菜が作りやすい

夏野菜の特徴

夏野菜が育つ時期の気候は、春先寒く次第に温暖になり、盛夏には大変暑くなります。地温は気温の変化に伴い、遅れながらゆっくり上昇します。ほとんどの作物にとっては春先は冷たく夏は熱くなります。水温は春先大変低く、夏は使い方によっては高温すぎる危険性があります。

光は春先かなり強く、初夏を過ぎる頃には強すぎる日が多くなります。日照時間は夏至まで長くなり、これ以降は短くなっていきます。

水は、雪解け水、なたね梅雨、五月雨、梅雨の長雨、梅雨あけの集中豪雨と豊富です。しかし、春先の異常乾燥（フェーン）、空梅雨、真夏の日照り続きと乾燥による災害と隣り合わせです。

気象災害が考えられる花冷え、遅霜、春一番、突風、ヒョウ等避けられない気象の急変があります。これらに対する備えを忘れば収穫は望めません。栽培が成功するための条件は、これらの**気象条件に適する種類、品種を選ぶ**こと、**予想される春先の低温、強雨と強風、夏の高温乾燥にどの程度の対策をたてるか**ということになります。この時期には次の性質を持った野菜が作りやすいと思います。

1 暑さに強いこと

暑さに強いもの（高温性野菜、生育適温25～30度）

ナス、ピーマン、オクラ、サツマイモ、サトイモ、エダマメ、シソ、ニラ、金時草、ゴーヤ

暑さにやや強いもの（好温性野菜、生育適温20～25度）

トマト、ミニトマト、キュウリ、トウモロコシ、カボチャ、ズッキーニ、インゲン、スイカ、露地メロン、ゴボウ、セージ、チャイブ、バジル、ミント類

2 強い光を好むこと（好光性野菜）

強い光がよいもの

オクラ、トウモロコシ、エダマメ、イチゴ、トマト、キュウリ、インゲン、ピーマン、カボチャ、ジャガイモ、ハクサイ、ニラ、ゴーヤ、ズッキーニ

やや強い光がよいもの

エンドウ、コカブ、キャベツ、シュンギク、ネギ、タマネギ

3 乾燥に強いこと（耐乾性野菜）

乾いた土がよいもの

カボチャ、トウモロコシ、ジャガイモ、ニラ、ゴーヤ、ズッキーニ

やや乾いた土がよいもの

エンドウ、エダマメ、ネギ

秋野菜

寒さに強く弱い光を好む野菜を選ぶ

秋野菜が育つ時期は一年で最も暑い時から始まります。秋口に朝夕の涼しさを感じ、その後冷涼で生育に適した気候になりますが、急に寒くなって雪が降り出し冷たさを感じるようになります。地温は気温の変化に伴い遅れながゆっくり下降します。ほとんどの野菜にとって秋口までは暑過ぎます。初秋から生育に適した温度が続きますが、急に寒くなってきて冷たくなり生育が止まります。水温は、夏使い方によって高温すぎる危険性がありますが、台風の大雨で水温は下がり、みぞれが降るころまでは生育に適した温度です。その後は冷たくなって生育がとまります。

光は夏から秋口は大変強く、秋野菜等には強すぎる日が多いです。日照時間は夏至から短くなり、旧盆を過ぎた頃から急に短く感ずるようになります。秋分の日を過ぎると日差しがやわらかくなり、日照時間がさらに短くなってよい条件となります。

水は、盛夏の極端な乾燥から台風による災害ぎみの大雨や長雨を経て、適湿状態になりますが、みぞれ混じりの雨が降り出してからは過湿状態になります。

気象災害としては日照り。酷暑、台風、豪雨、長雨、暴風、初霜、あられ、みぞれ、雪等避けられない気象の変化があります。これらに対する備えを怠れば収穫は望めません。栽培が成功するための条件は、これらの**気象条件に適する種類、品種を選ぶこと**と、予想される**夏の強光と高温乾燥、豪雨と暴風、晩秋の低温と過湿にどの程度の対策をたてる**かということになります。秋に栽培するには次の性質をもった野菜が作りやすいと思います。

1 寒さに強いもの

寒さに強いもの（耐寒性野菜・生育適温10～20度） コマツナ、ホウレンソウ、キャベツ、ネギ、タマネギ、エンドウ、ソラマメ、ハクサイ、レタス

寒さにやや強いもの（半耐寒性野菜・生育適温15～20度） ダイコン、ニンジン、イチゴ、コカブ、シュンギク、パセリ、ハツカダイ

コン、サラダナ

2 弱い光を好むもの

弱い光がよいもの（陰性野菜）

コマツナ、シソ、サラダナ、シュンギク

やや弱い光がよいもの（半陰性野菜） ハクサイ、ホウレンソウ、キャベツ、イチゴ、エンドウ

3 やや水分の多い土がよいもの（半耐湿性野菜）

オクラ、キャベツ、シュンギク、コカブ、ニンジン、インゲン、タマネギ、トマト、ナス、ピーマン、イチゴ、キュウリ、エダマメ、ホウレンソウ、コマツナ、ハクサイ、パセリ、レタス

育苗（苗の育てかた）

発芽までは涼しくする工夫を

秋野菜の育苗は比較的簡単にできますので、つぎの手順で種から苗を育ててみるとよいでしょう。（夏野菜の育苗は花芽形成や保温等難しいことが多いので、良い苗を見分ける知識を身につけて苗を購入したほうが良いと思います）

1 野菜の区分

育苗するほうが良い野菜

キャベツ、芽キャベツ、ブロッコリー、カリフラワー、レタス、サラダナ、ハクサイ、タマネギ

直播き（畑に直接種をまく）のほうが良い野菜

ダイコン、カブ、コカブ、シュンギク、ホウレンソウ、ニンジン、ハツカダイコン、ソラマメ、エンドウ、コマツナ、ツマミナ、ニンニク

2 用具準備

育苗箱（トロ箱、プランター、トレー）、ポット（4～6号ビニールポット、ペーパーポット）、プラグ苗専用トレー（最近普及が著しい）と用土など。

3 床土準備

プランター用土と同じ要領で作ります。（108～109ページ参照）違うポイントは用土を細かくすることと、清潔さを確保するための消毒をすることです。

4 は種準備

7日程前、ポットに用土を詰め、たっぷりかん水してから薬剤を散布し、マルチをかけ適湿を確保します。

5 は種

ビニールポットは4粒程、ペーパーポットは3粒程を1鉢にまきます。コート種子の場合は1鉢2粒です。覆土の厚さは0・5cm程で、軽く鎮圧をしてからたっぷりかん水します。レタス、サラダナは好光性種子なので覆土はほとんどせずもみがらを種がみえ隠れする程にかけます。

6 発芽時の管理

発芽するまでは川面や川辺の夜間温度が下がる涼しい所におくか、寒冷紗等の遮光材を使って涼しくなる工夫をします。乾かないように観察しながら朝、水温の高くならないうちにこまめにかん水します。日中、水温が高くなってからのかん水は禁止です。発芽し始めたら、サーと冷水をかけ、朝夕直射日光に当てる等、徒長防止につとめます。

7 間引き

1回目、子葉展開時から本葉1枚までの間に2本残します。生育の進み過ぎているものや、遅れているもの、子葉の形が正常でないものなどを間引きします。

2回目、本葉2枚時に1本にします。このとき間引いた苗をビニールポットに移植すると無駄が少なくなります。移植する場合は7日程前、ポットに用土を詰め、適湿を確保して準備しておきます。移植後は活着するまで、日陰の涼しい所におくなど細かい気配りが必要です。

8 定植準備

定植時には本葉3～4枚の若苗を植えます。定植5日程前からかん水を控え気味にし、直射日光に当て、苗の硬化と充実を図ります。また、この時期の夕方、活着促進を図るため、定植前日液肥500倍をかん水しスタミナをつけておきます。

この方法のほか、地床育苗、練り床育苗がありますが家庭菜園のように少量の場合には向きません。ごく少量の場合は園芸店で買い求める方が便利です。

育苗の手順

①種まき前に用土をつくる。奥左から赤玉土、古土、ピートモス、手前左から消石灰、過燐酸石灰

②スコップで混ぜる

③ポットに土を入れ、害虫防止の粒剤をまく

④規定の濃度に薄めてじょうろでかん水しておく

⑤7月中旬に種まき。棒など使い均一にまき穴をあける

⑥穴にコーティング種をセットする

⑦覆土する

⑧種まき後、かん水する

⑨種まき1ヵ月後、8月中旬の苗のようす

⑩苗床では、寒冷紗などで温度上昇を防ぐ

トレイとたねまき培土を使った育苗

1 培土の選択

たねまき培土の他に育苗培土、セル培土TM-2、花と野菜の土など多くの培土があるので用途を確かめます。

また他の会社や全農のものがあるので、その場合は使い方や用途を確かめてから使います。

私はタキイのたねまき培土を使っていますので、これの使用方法を紹介します。

たねまき培土は20ℓ袋と50ℓ袋があり、殺菌、pH調整済みで肥効日数は40日程であると明示され、紹介には追肥不要の長期肥効型でたねまき全般に適するとあ

たねまき培土と水を用意する

ります。

2　トレイの選択

私はキャベツ、ハクサイ、カリフラワー、ブロッコリー、芽キャベツには72穴トレイを、レタス、サニーレタス、トウモロコシ、エダマメ、シソには128穴トレイを、その数に応じて切って使っています。

128穴トレイ

72穴トレイ

3　は種準備のかん水

使用前に培土20ℓに対して水1ℓを加えてかき混ぜることによって、培土に空気が入り、通気性が増し、発芽、発根が良くなります。

乾いた培土をトレイに入れると培土が硬くしまってしまい、通気性が悪くなり発芽不良、根浮きの原因となります。

は種前に培土内部が十分に湿る程度にかん水します。方法はジョウロのハス口を上向きにし、ゆっくり均一になるようにし、トレイの底穴から水が出るか出ない程度にします。底から水がたっぷり出るようなかん水では、過湿によって種子の酸素不足が起こり、発芽不良の原因となることがあります。

トレイに培土を入れる

よく混ぜ合わせる

この培土の場合、培土20ℓにつき水1ℓを混ぜる。

4　は種

1　割りばしなどでセルの中央に軽く穴をあけ、は種します。

セルの中央に軽く穴をあける

木の板などで鎮圧する

覆土する

種は3粒ほど置いたほうが発芽しやすい

2　覆土

残りの培土を使い種子の2～3倍の厚さに覆土します。夏はその上にモミガラをうすくかけ、鎮圧して種子と培土を密着させます。

3　かん水

ジョウロのハス口を上向きにしゆっくり均一になるようにします。過湿状態になると種子が窒息状態になって発芽しにくくなるので、トレイの底穴から水が出るか出ないかの程度にします。

何回かに分けて少しずつかん水する

5　発芽まで

説明書きには「低温時には保温シート、高温時には日除けシートなどを使い、各作物に適した温度管理をします」とありますので、私は春は古いハンカチの上に透明ポリをかけ、夏は古いハンカチをかけたうえ、日除けをし、かん水はしません。

古いハンカチなどで覆う

6　発芽後の管理

発芽しそうになったら徒長防止のため、朝方一時的にサァーと水をかけて温度を下げます。

定植までは培土が乾燥すればかん水しますが、それ以外はしません。根がトレイの底に見えだしたら、定植期を迎えたものと判断し、定植前日に液肥500倍でかん水し予防剤を散布します。

7　その他

培土は開封したら使い切るのが原則ですが、使い切れない場合は培土が入っている袋を密封して、できるだけ劣化しないようにします。メーカーの説明では「未開封でも購入後1年以内に使用するのがよいでしょう」とあります。

病害虫防除

農薬は人間にとっての薬。ただし『使うが、頼らない』

家庭菜園の最大の特徴は作ったものを本人はもとより、家族や親戚、知人、友人に喜んで食べてもらえる楽しみを味わうことにあると思います。少々虫に食われていても、形がわるく、少し小さくても、おいしさが少し劣っていても安全と心の豊かさを味わうことができるのです。

それは、成長を楽しみに育て上げた野菜が健全であるからです。小さな菜園では農薬をできるだけ少なく使って病害虫の被害を少なくする栽培が可能です。

病気は主因（病原菌）、素因（野菜の病気に対する性質）、誘因（周りの環境）の3つが揃って発病します。

主因を殺菌剤で除去するより素因と誘因をなくする。すなわち**土や栽培環境を整え抵抗性のある野菜を栽培**することで、手間はかかりますが小面積であるがゆえに病害虫の防除が可能です。

森林原野では数多くの種類の昆虫が共存し、ある種類が増えすぎることはありません。しかし畑は特定の作物しか存在しな

農薬の使用にあたって

人間社会には、社会生活を営んでいくためのルール・マナーがあります。農薬工業会では、下記の標語「農薬適正使用運動」を掲げ、農薬の正しい使用・取扱・保管を呼びかけています。

農薬適正使用運動

1. 使用前にラベルや説明書をよく読んでください。
2. マスク・手袋など防護具を着用してください。
3. 圃場（ほじょう）の外に飛散・流出しないよう使用してください。
4. 空容器は正しく処分してください。
5. 食品と区別し、カギをかけて保管してください。

※特に、毒物・劇物指定農薬（身分を証明した上、捺印で手に入る物）はカギをかけて保管しなければなりません。

粉剤を散布するときは写真のような機器が便利

いので特定の虫害を受けやすくなります。それではと殺虫剤を使用すると普通の虫や益虫までも殺しています。その結果、生態系を崩しさらに抵抗性の強い害虫を作り出しています。これを少なくするには病気になりにくいような栽培、つまり耕種的防除をまず心がけます。

　それはまず適切な土の管理です。窒素の過剰使用をさけ、未熟な有機物を使わない。多量の完熟堆肥をすきこみ水分過多にしない。そして、適期の作付けを守り、栽培密度を広くとり抵抗性品種や接ぎ木苗を利用する。連作を避け、無病種子や苗を使う。病気株を除去し収穫後の畑や周りを整美しておく。黄色を好む害虫に黄色の粘着トラップを使い、光に対する性質を利用して誘蛾灯やシルバーマルチ、寒冷紗の使用をする。マルチングや雨よけ栽培、捕殺。タバコニコチン、スギナ、カニガラ、食酢、ニンニク酢、牛乳、小麦粉、草木炭、除虫菊剤等、**手間を惜しまず知恵を働かせば良いのです。**

　しかしこれだけ世話していても病気や害虫は完全には防げません。私たちが病気にかからない生活を心がけていても病気になるのと同じです。このときは正しい処置をすることを条件に農薬を使います。お医者さんの処方箋で薬を使うのと同じです。**人間に薬が必要なように野菜に農薬は必要です。**ただし、間違った使い方と使いすぎが怖いのです。基本的な考え方として『**農薬は使うが、頼らない**』ということです。農薬には害虫用に**殺虫剤**、病気用に**殺菌剤**のほか、用途によって数多くの種類があります。ここではこの2つについて説明します。

粒剤は使用後の調味料容器を活用するとまきやすい

　使い方によって**予防剤**、**治療剤**、**駆除剤**があります。また種類が少ないと同じ農薬を連用することになり病害虫に抵抗力がついてその効果が減少してきます。従ってそれぞれを数種類用意し**ローテーションを組み使用**するようにします。また**初期と局部的防除**が基本です。

使用上の注意

　基本的には**「薬は間違った使用をすると危険である」**ということを念頭におきます。

1　ほとんどの殺虫剤と殺菌剤は混用できますが、混用したら薬害が出る場合がありますから混用適否表で確認します。

2　病気や害虫を正確に識別し、その様子で処理方法を正確に判断します。

3　正確に計量し、正しい濃度で使用します。濃度が濃いと薬害が出やすく危険です。

4　表だけでなく裏や株元などまんべんなく丁寧に散布します。

5　風のない夕方に行いますが、ダニの駆除は日中です。めがね、マスクをつけ体にかからないよう散布します。散布後はうがいをして風呂に入り体をきれいに洗います。

6　薬液は必ず使い切ります。残った場合は畑に穴をあけて埋めます。川や溝に捨ててはいけません。

7　使用した用具、器具は丁寧に水洗いし乾かします。

モザイク病（ウイルス病）

ニンニクのサビ病

ナメクジの食害

主な病害虫（▲は石川県の難防除病害虫）

野菜のかかりやすい病気（五十音順）

病名	症状	発生時期	病気の原因	耕種的防除
ウイルス病	葉が縮んだり濃淡がモザイク状に表れたり、芯の伸びが止まる	5～9月	植物ウイルスによって起こる病気。植物体内ではウイルスに対する免疫ができずウイルスは植物が枯れるまで残存する。キュウリモザイクウイルス、ジャガイモYウイルスなどはアブラムシの短時間の吸汁で伝染する	病原体を媒介するアブラムシの駆除に努めるとともに、発病株は早めに焼却する
ウドンコ病	葉の表面にうどん粉のような白い粉を生ずる。のち灰色になり発病がひどい時は枯れる	5～9月（乾燥するとかかりやすい）	子嚢菌類のウドンコ病菌によって起こる。それぞれの植物を侵す菌は別種で、1種類の菌の寄生範囲は狭く、ウリ類同士などでしか伝染しない。春秋のやや乾きぎみの時によく発生し、空気伝染する	通風排水を良くし、発生初期から週1回ぐらい薬剤散布
▲疫病	葉や茎、果実に水浸状の病斑ができ徐々に広がり、症状が進むとベトベトに腐って枯れる	5～6月、9～10月（多湿で風通しが悪い時）	菌の寄生によって起こる。病斑の周囲の白いカビ内で形成された遊走子は土や植物表面の水の皮膜の中を泳いでいって健全な植物を侵す。ジャガイモ疫病が19世紀アイルランドにジャガイモの大凶作を引き起こしたことは有名。梅雨時には急激に拡大してひどいときは数日で畑全面が枯れあがる	通風、透光を良くし、発病したら2～3日おきに薬剤を散布。輪作することが大切
サビ病	葉や茎に赤い鉄サビのような病斑ができる	5～10月（肥料切れ、老化したときに多い）	サビ病菌が寄生して起こる。冬胞子は空気中に飛散してネギ類につき気孔から浸入して10日程で発病する。気温の低い時に発生しやすい	肥料切れさせない。定期的に薬剤を予防散布する
▲つる枯れ病	茎の地際部が最も発生しやすい。初めは灰緑色ついで黄褐色に変わる病斑を生ずる。湿度が高いと水浸状を呈し急速に広がり発病部位にヤニが出て、古い病斑は白または桃色の菌そうを生じ株全体がしおれてくる。茎、葉、葉柄、まれに果実にも発生する	6～8月（低温の時に発生しやすい）	子のう菌による病気で子葉から感染しやすい。多湿で温度が20度程のとき多発する	入念な圃場清掃と株元の点検を行い、地際部はいつも乾燥させておく。連作をしないで、健全苗のみ植える

苗立ち枯れ病	発芽後や育苗中に苗が急にしおれて倒れる	種まきの後	土壌病原菌（リゾクトニア菌）による病気で多湿のとき、クモの巣状のかびを生ずる	苗床の土壌消毒。排水、通気性の良い土作りをする
軟腐病	葉や茎の根元が腐り、ベトベトになって悪臭を放つ	10月（秋の暖かい時期や台風のあと）	桿状細菌が作物の柔組織に侵入しておこる。高温（30度程）多湿で発生し、土壌消毒しても寄生植物があると菌の密度は簡単に復活する	根や茎に傷をつける害虫を防除する。低湿地に発生しやすいので高畝にし排水をよくする。連作を避ける
▲灰色カビ病	咲き終わった花や葉に灰色のカビがつき、しおれる	5～6月（多湿のとき発生しやすい）	灰色カビ病菌の寄生により起こる。羅病果実や葉の中の菌糸が翌年の伝染源になることが多い	排水を良くし、泥はねを防ぐためマルチや敷きわらをする
べと病	葉の表面に葉脈にかこまれた多角形の黄色い病班ができ、広がって褐色になり枯れる	6～7月（多湿のときに発生しやすい）	べと病菌の種類は多いが1種類の菌が寄生する範囲は狭い。キュウリべと病は葉の裏に胞子嚢が多く形成され、中の遊走子が水中または葉の上の水幕で発芽して新しい侵入をおこす。菌は高温乾燥など条件が悪くなると卵胞子を形成する。卵胞子は厚い膜に囲まれ休眠して土の中で長く残存することができる	通風、採光を良くする。土壌の排水をよくし、敷きわらをする。施肥は十分に。特に加里肥料が大事
▲青枯れ病	初め何の異常も認められなかった株が日中、急に水分を失ったようになり、地上部全体が青枯れ状に萎える	7～8月	桿状細菌が作物の通道組織に侵入して道管をつまらせ、水分の上昇を妨げる。一度発生すると菌は土中に数年間生存し傷口から侵入する	3年以上の輪作をし、抵抗性台木を利用した接ぎ木苗を使い作業では畝を踏まないようにし土壌害虫を駆除する

発生しやすい害虫（五十音順）

害虫名	被害特徴	害虫の特徴	発生時期	防除対策
アオムシ	葉脈だけ残して網目状に食害する	緑色の幼虫	4～10月	初期の駆除が大切。努めて捕殺を心掛ける
▲アブラムシ	芽先や葉裏について汁液を吸収する	体は5㎝以下で柔らかく、草木に群れて汁を吸う	5～10月	寒冷紗などで被覆する。日光を反射するシルバーフィルムなどでマルチ
▲コナガ	葉裏の葉脈にそって葉肉を食害する	9㎝ほどの緑色の幼虫	夏（高温の時期に発生しやすい）	見つけ次第捕殺する。発生初期から数回薬剤散布。同一薬剤の連用は避ける

害虫名	被害特徴	害虫の特徴	発生時期	防除対策
ネキリムシ	夜、株元からはい出し茎や葉柄をかじる	胴部全体が暗緑色の幼虫。淡褐色の縦線があり、成長すると体長4㎝にもなる	4～10月	定植時に薬剤を周囲の土によく混ぜておく
ヨトウムシ	夜、株元からはい出し、外部はもちろん内部も食害する	ヨトウガの幼虫。体は緑色、大きくなると黒褐色または淡褐色の芋虫となる。きわめて雑食性の害虫で年に2回発生する	4～10月	捕殺する。若齢幼虫のうちに薬剤散布する
アワノメイガ	茎や雄穂、雌穂に食入。穴から塊状の糞やくずを出す	小型のガの幼虫。越冬した老熟幼虫は6月ころから羽化し始める。雌は約500個の卵を産み、ふ化した幼虫は穂や茎の中で生活するが、大きくなると硬い部分に潜り込んで食害する。成虫は夜行性でよく灯火に飛来する	6・8月	雄穂の出るころから雌穂の毛が出るころまでに3回前後薬剤を散布しておく
テントウムシダマシ	葉を網目状に食害する	黄褐色で黒点の多いテントウムシ	6・9月	幼虫のふ化時期をねらって薬剤を散布すると効果的。見つけ次第捕殺する
▲ハダニ類	葉裏に寄生し、白い斑点を生じる	成虫の体長は0・25～0・9㎜。雌は上から見ると卵形または楕円形。雄は小型で逆三角形に近い。体色は黄色、赤色、赤褐色など様々。ハダニは糸でぶら下がりながら、微風にのって空中を浮遊し、葉から葉へ、木から木へと移動したり、糸状の網によって風雨などの厳しい気象条件から守られたりする	夏の高温乾燥期	乾燥を避け水やりをする。発生初期に2～3回、発生したら薬剤の種類を変え集中的に葉裏を中心にむらがないように徹底して薬剤散布する。暗い時の散布は効果がないので、日中の活動期に散布する

有害生物

害虫名	被害特徴	害虫の特徴	発生時期	防除対策
ナメクジ類	幼体時は葉の裏面から、表皮を残してなめるように食害する。 成体の被害はヨトウムシ、アオムシと似るが、はったあとの粘液の筋が残るので区別がつく。	年1回発生し、4月下旬～6月上旬に植物の根のきわや、地表近くの湿った場所に産卵する。卵期間は15～19日、孵化した幼体は秋まで植物を加害して地中や植物の根のきわで越冬する。	4～10月	酸性土壌に発生が多いため、作付前に石灰を施し、土壌pH6・5～7にする。 散布剤は活動をはじめる夕刻に散布する。また雨上がりに散布すると効果的である。
カタツムリ類				

そろえておきたい農薬

農薬には用途によって病気用（ウドンコ病、べと病、炭疽症、灰色カビ病）の**殺菌剤**、害虫用の**殺虫剤**、使い方によって**予防剤**、**治療剤**、**駆除剤**等があります。

家庭菜園で備えておくものとして、**殺菌剤の予防剤**は病気が発生しないうちに使用するものです。ダコニール1000、ベルクートフロアブル、ジマンダイセン水和剤、キノンドー水和剤40等があげられます。

次に**殺菌剤の治療剤**は病気の発生初期に使用するもので、家庭菜園ではアミスター20フロアブル、トップジンM水和剤、トリフミン水和剤、リドミルゴールドMZがあげられます。

殺虫剤の予防剤はたねまき時か、植え付け時に使用するもので、オルトラン粒剤、アルバリン粒剤、ダイアジノン粒剤、プリロッソ粒剤等があげられます。

殺虫剤の駆除剤は被害の発生初期に使用するもので、マラソン乳剤、トレボン乳剤、アファーム乳剤、アルバリン顆粒水溶剤等があげられます。

ダニには**殺ダニ剤**が必要です。予防剤はないので発生初期にコロマイト乳剤、カネマイトフロアブル、スターマイトフロアブル等の駆除剤を2～3回種類を変えて、日中の明るい時に散布ムラがないよう徹底的に散布します。

農薬使用の基本的な考え方は、**病害虫の発生前に使用するか、発生初期に使用すべきです**。被害が拡大してからの高濃度散布、大量散布はたいへん問題が多いです。

キノンドー水和剤40　ジマンダイセン水和剤　ベルクートフロアブル　ダコニール1000

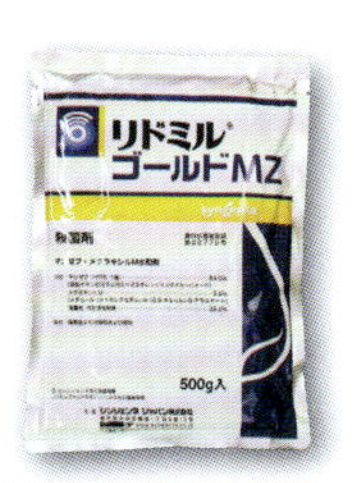
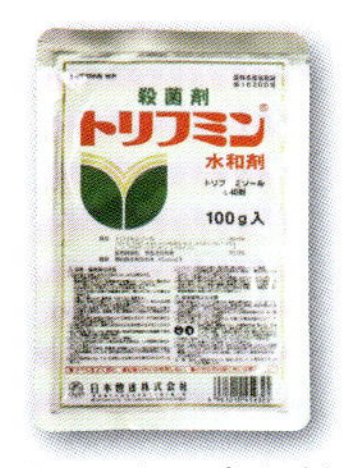
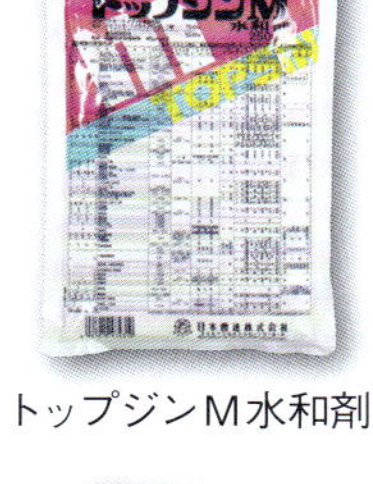

リドミルゴールドMZ　トリフミン水和剤　トップジンM水和剤　アミスター20フロアブル

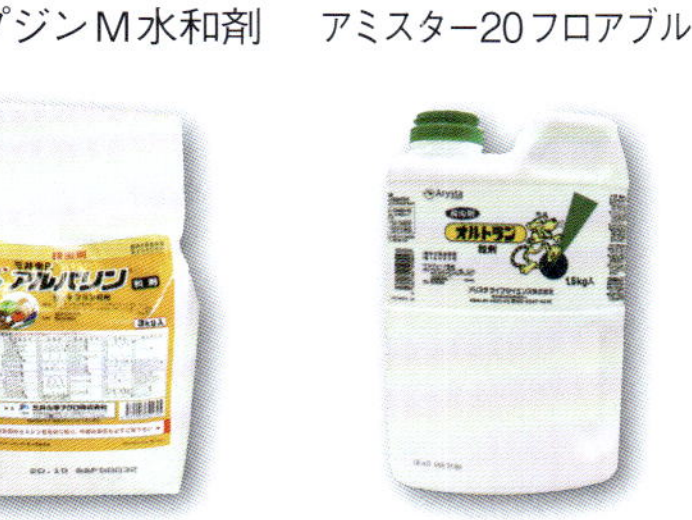

プリロッソ粒剤　ダイアジノン粒剤　アルバリン粒剤　オルトラン粒剤

アルバリン顆粒水溶剤　アファーム乳剤　トレボン乳剤　マラソン乳剤

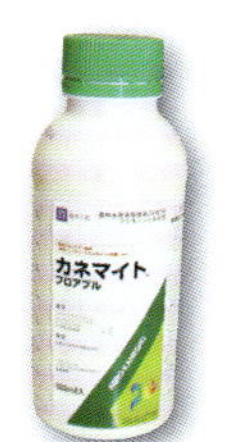

スラゴ　スターマイトフロアブル　カネマイトフロアブル　コロマイト乳剤

散粉器

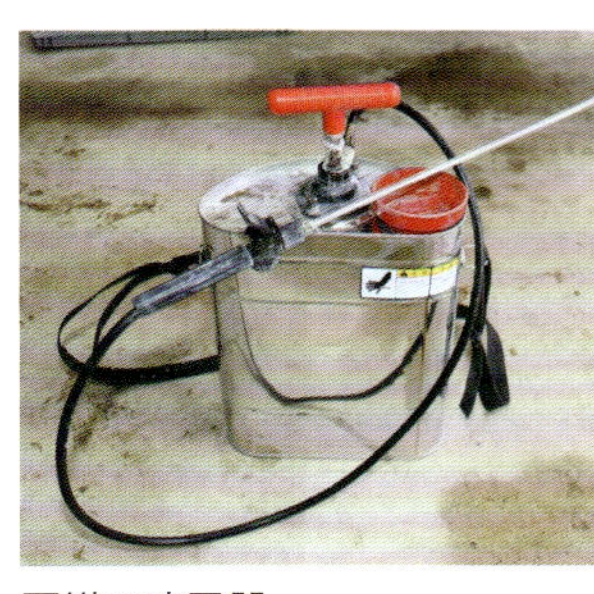

肩掛け噴霧器

スプレー

作業のめやす時期

月日	準備・は種・定植	手入れ	収穫
4月1日—5日	ジャガイモ（植え付け準備始）。プランターのジャガイモ、ニンジン（土作り始）。シュンギク（は種準備）。ニラ、ホウレンソウ（は種）。コマツナ（は種準備始、プランターは用土作り）。春まきキャベツ（育苗準備終、育苗始～4／20）。ツマミナ（用土作り終）。ネギ（育苗準備終）	ニンニク（3／15～追肥・中耕終）	
4月5日—10日	ジャガイモ（植え付け準備終）。シュンギク、ラディッシュ、ニンジン（は種準備）。ダイコン（は種準備始）。ネギ（は種始）。ホウレンソウ（は種終）。シソ（は種始～4／30）。サラダナ（は種準備終、は種始～4／20）。ツマミナ（は種始）。コマツナ（は種準備終）。春まきキャベツ（3／25～は種終）	エンドウ（支柱立・誘引始）	ニラ（3年目に春刈り～4／30）
4月10日—15日	ニンジン、ラディッシュ、ゴボウ（は種準備）。コマツナ、シュンギク、ダイコン（は種始）。ツマミナ、ネギ（は種終）。サラダナ（育苗始）。ジャガイモ（植え付け始）。ニラ（育苗始～6／20）	エンドウ（支柱立・誘引終）。ニラ（3年目・追肥始～5／5）。ホウレンソウ（間引き・追肥始～4／30）	
4月15日—20日	シソ（は種準備終）。ニンジン、ラディッシュ（は種始）。コマツナ、シュンギク（は種終）。サラダナ（4／5～は種終、育苗終）。ジャガイモ（植え付け終）。春まきキャベツ（育苗終・定植準備）		ツマミナ（間引き始）
4月20日—25日	キュウリ、ピーマン（土作り）。サトイモ（植え付け準備始）。ダイコン（は種始～5／10）。ゴボウ（は種準備終、は種始～5／10）。ニンジン（は種終）。ラディッシュ（は種終）。サラダナ（定植始～5／10）。ネギ（育苗始～6／15）。春まきキャベツ（定植始）	イチゴ（摘葉・摘果始～5／20）。コマツナ、シュンギク（間引き・追肥始～5／20）。タマネギ（3／20～追肥終）	
4月25日—30日	トマト、ナス、キュウリ、ピーマン、スイカ、メロン（定植準備・苗選び）。鉢植えトマト（用土作り・苗選び）。ゴボウ、ダイコン、オクラ、トウモロコシ（は種準備終）。カボチャ（定植準備）。サトイモ（植え付け準	ニンニク（とう摘み始～5／10）。ホウレンソウ（4／10～間引き・追肥終）	

	備終)。シソ(は種終)。春まきキャベツ(定植終)。トウガラシ(定植準備・苗選び)		
4月30日―5月5日	カボチャ(苗選び)。サトイモ(種いも選び~5/10)。トウモロコシ(は種準備)。ゴーヤ(定植準備始・苗選び始)。ズッキーニ(定植準備・苗選び)	エンドウ(整枝・誘引始)。ジャガイモ(芽かき始、土寄せ追肥始~5/31)。ラディッシュ(間引き・追肥始~5/20)	ホウレンソウ(収穫~5/25)
5月5日―5月10日	トマト、ナス、キュウリ、ピーマン、スイカ、メロン、カボチャ、トウガラシ(定植)。プランターのインゲン(土作り)。ゴボウ(4/20~は種終)。ダイコン(4/20~は種終)。サトイモ(植え付け準備始)。サラダナ(4/20~定植終)。ゴーヤ(定植準備終・苗選び終)	エンドウ(整枝・誘引終、追肥・土寄せ始)。ソラマメ(摘心始)。ジャガイモ(芽かき終)。ニンニク(4/25~とう摘み終)	
5月10日―5月15日	プランターのインゲン(用土準備)。オクラ(は種準備)。トウモロコシ(は種始・定植準備)。サツマイモ(植え付け準備始)。ズッキーニ(定植)	トマト、ナス、ピーマン、トウガラシ(支柱立・誘引)。キュウリ(保護保温)。カボチャ(保護保温始)。スイカ(保護・保温始~5/25)。ソラマメ(摘心終)。メロン(保温・雨よけ始~7/20)。春まきダイコン(間引き・追肥・土寄せ始~6/20)。シソ(間引き・追肥開始~6/10)。エンドウ(追肥・土寄せ終)	イチゴ(収穫始~6/5)
5月15日―5月20日	インゲン(は種準備~5/25)。トウモロコシ(は種終)。サツマイモ、サトイモ(植え付け準備終)	キュウリ(支柱立・誘引始)。カボチャ(保護保温終)。ニンジン(間引き・追肥~6/15)。ラディッシュ(5/1~間引き・追肥終)。コマツナ、シュンギク(4/20~間引き・追肥終)	イチゴ(3/20~摘葉・摘花終)
5月20日―5月25日	サツマイモ、サトイモ(植え付け始)。エダマメ(定植準備・は種始)。プランターのインゲン(定植)。トウモロコシ(定植)。オクラ(は種)。ゴーヤ(定植始)	トマト、ナス(わき芽とり・整枝始)。ピーマン、トウガラシ(わき芽とり・整枝・追肥始)。キュウリ(整枝・仕立て始)。トウモロコシ(間引き・追肥土寄せ始~6/20)。スイカ(5/10~保護保温終)。スイカ(摘心・整枝始、追肥・敷きわら始)。メロン(整枝・摘心始~6/20)。ゴボウ(間引き・追肥・土寄せ始)	ホウレンソウ(4/30~収穫終)
5月25日―5月31日	パセリ(は種準備~6/5)。インゲン(は種始)。サツマイモ、サトイモ(植え付け終)。エダマメ(定植準備終・は種終)。ゴーヤ(定植終)	トマト(ホルモン処理始)。スイカ、メロン(摘心整枝)。ジャガイモ(5/1~土寄せ追肥終)	エンドウ(収穫始~6/25)。ラディッシュ(収穫始~6/20)
6月1日―6月5日	インゲン(は種終)。エダマメ(定植始)	トマト(着果・摘果始)。カボチャ(整枝始)。スイカ、メロン(摘心・整枝)。メロン(敷きわら追肥始~6/20)。サツマイモ(中耕・除草始~7/20)	キュウリ(収穫・追肥始)。イチゴ(5/10~収穫終)。コマツナ、シュンギク、ツマミナ(収穫~6/20)。サラダナ(収穫始~6/30)

6月5日―6月10日	イチゴ（親株植替始）。パセリ（は種始）。エダマメ（定植終）	キュウリ（摘葉摘心始）。インゲン（間引き・補植・追肥・中耕・土寄せ始～6／25）。プランターのインゲン（追肥・かん水始～6／25）。カボチャ（整枝終）。スイカ、メロン（摘心・整枝）。サトイモ（追肥・土寄せ始～8／5）。シソ（5／10～間引き追肥終）。タマネギ（3／20～除草終）	ソラマメ（収穫始～6／25）
6月10日―6月15日	ネギ（育苗終、定植準備始）。パセリ（は種終）。イチゴ（親株植替終）	トマト（肥大・着色始）。キュウリ（敷きわらかん水始～7／10）。インゲン（支柱立・整枝誘引始～6／25）。オクラ（追肥・土寄せ～7／10）。カボチャ（交配始～6／25）。スイカ、メロン（摘心・整枝）。ニンジン（5／15～間引き・追肥終）。ゴーヤ（整枝・追肥・かん水始）	ニラ（3年目に夏刈り～8／20）
6月15日―6月20日	ニラ（4／10～育苗終）。ネギ（定植準備	オクラ（間引き始）。トウモロコシ（間引き・追肥土寄せ終）。スイカ、メロン（5／20～摘心・整枝終）。メロン（6／1～敷きわら・追肥終）。春まきダイコン（5／10～間引き・追肥・土寄せ終）。ズッキーニ（追肥・人工受粉始）	タマネギ（収穫始～6／30）。ラディッシュ（5／25～収穫終）。コマツナ、シュンギク（6／1～収穫終）。ツマミナ（4／15～間引き・収穫終）
6月20日―6月25日	ネギ（定植始）。プランターのニンジン（土作り始	インゲン（6／5～間引き・補植・追肥・中耕・土寄せ終）。6／10～支柱立・整枝誘引終。敷きわら始。プランターのインゲン（6／5～追肥・かん水終）。カボチャ（6／10～交配終）。オクラ（6／5～間引き終）	ナス（収穫・追肥始）。ピーマン、ニンニク（収穫始）。春まきニンジン（収穫始～7／15）。春まきダイコン（収穫始～7／20）。シソ（収穫始～7／31）。エンドウ（5／25～収穫終）。ソラマメ（6／5～収穫終）。ズッキーニ（収穫始～9／30）
6月25日―6月30日	夏まきニンジン（は種準備始）。プランターのニンジン（土作り終）。ネギ（定植終）	エダマメ（追肥・土寄せ始）。インゲン（敷きわら終）。ゴボウ（5／20～間引き・土寄せ・追肥終）	プランターのジャガイモ（収穫始～7／15）。ニンニク（収穫終）。タマネギ（6／15～収穫終）。サラダナ（6／1～収穫終）。春まきキャベツ（収穫始～7／15
7月1日―7月5日	ニラ（定植始）。芽キャベツ（育苗準備～7／10）。カリフラワー、ブロッコリー（育苗準備	トマト（摘心）。エダマメ（追肥・土寄せ終）。スイカ（人工受粉・札入れ始～7／20）。芽キャベツ（育苗準備）、ネギ（追肥・土入れ始）	トマト（収穫始～9／10）。鉢植のトマト（収穫始）。ジャガイモ（収穫始～7／25）。ニンニク（乾燥貯蔵始）
7月5日―7月10日	夏まきニンジン（は種始～7／25）。ニラ（定植終）。芽キャベツ（は種始）。カリフラワー、ブロッコリー（は種	オクラ（6／10～追肥・土寄せ終）。カボチャ（敷きわら始～7／20）。スイカ（6／10～敷きわら・追肥終）。スイカ（人工受粉・札入れ	インゲン（収穫始～8／10）。プランターのインゲン（収穫始～7／20
7月10日―7月15日	芽キャベツ（は種終、育苗始～8／20）。夏まきニンジン（は種準備終）	ナス、ピーマン（敷きわら・かん水始）。トウモロコシ（摘果始）。スイカ（人工受粉・札入れ）、ネギ（追肥・土入れ終）	メロン（収穫始～7／25）。プランターのジャガイモ（6／25～収穫終）。春まきニンジン（6／20～収穫終）。春まきキャベツ（6／25～収穫終）

7月15日—7月20日	夏まきキャベツ（育苗準備始）。カリフラワー、ブロッコリー（育苗～8／20）	トマト（5／25～ホルモン処理終）。トウモロコシ（摘果終）。スイカ（7／1～人工受粉・札入れ終）。メロン（5／10～保温・雨よけ終）。サツマイモ（6／1～中耕・除草終）	カボチャ（7／5～玉直し終。収穫始～8／31）。プランターのインゲン（収穫終）。春まきダイコン（6／20～収穫終）
7月20日—7月25日	夏まきキャベツ（育苗準備終、は種始）。夏まきニンジン（7／5～は種終）		オクラ（収穫～10／10）。トウモロコシ（収穫始～8／20）。ナス（更新せん定・整枝始）。メロン（収穫終）。ジャガイモ（7／1～収穫終）。ゴーヤ（収穫始～10／10）
7月25日—7月31日	夏まきキャベツ（は種終、育苗始～8／20）	トマト（5／30～着果・摘果終）	ナス（更新せん定・整枝終）。キュウリ（6／1～収穫終）。シソ（6／20～収穫終）
8月1日—8月5日		サトイモ（6／5～追肥・土寄せ終、かん水始～8／31）、ネギ（土寄せ・追肥始～10／10）	エダマメ（収穫始）
8月5日—8月10日	芽キャベツ（定植準備始）。レタス（は種準備）		スイカ（収穫始～8／20）。エダマメ（収穫終）。インゲン（7／5～収穫終）
8月10日—8月15日	秋まきダイコン（は種準備始）。レタス（は種）。ハクサイ（育苗準備）。夏まきキャベツ、ブロッコリー、カリフラワー（定植準備始）		
8月15日—8月20日	コカブ、シュンギク（は種準備始）。ハクサイ（定植準備始・は種）。レタス（育苗、定植準備）。夏まきキャベツ、ブロッコリー、カリフラワー（育苗終、定植準備終）。芽キャベツ（定植準備終）。ホウレンソウ（は種準備始）	ナス、ピーマン（7／10～かん水終）	スイカ（8／5～収穫終）。ニラ（3年目・6／10～夏刈り終）。トウモロコシ（7／20～収穫終）
8月20日—8月25日	イチゴ（苗取り・移植始）。秋まきダイコン（は種始～9／10）。ラディッシュ（は種準備始～9／15）。ハクサイ（育苗と定植準備）。夏まきキャベツ（定植）。カリフラワー、ブロッコリー、芽キャベツ（定植始）。レタス（育苗）。タマネギ（は種準備～8／30）		
8月25日—8月31日	秋まきダイコン（は種準備終）。サラダナ、ツマミナ（は種準備始）。カブ（は種準備）。コカブ、シュンギク（は種準備終、は種始～9／10）。ホウレンソウ（は種準備終、は種）。ハクサイ（育苗終、定植始）。レタス（定植）。カリフラワー、ブロッコリー、芽キャベツ（定植終）。秋まきダイコン（は種準備終）。イチゴ（苗取り・移植終）。タマネギ（は種準備終）	夏まきニンジン（間引き・追肥始～9／30）。サトイモ（7／30～かん水終）	カボチャ（7／15～収穫終）

9月1日—9月5日	コマツナ（は種準備、プランターは用土作り）。サラダナ（は種準備終）。ラディッシュ（は種始〜9／25）。ハクサイ（定植終）	ホウレンソウ、シュンギク（間引き・追肥始〜9／30）。パセリ（間引き・追肥始〜10／31）	
9月5日—9月10日	タマネギ（は種）。サラダナ（は種始）。ツマミナ（は種始〜10／5）。秋まきダイコン（8／20〜は種終）。カブ（は種）。コカブ、シュンギク、ホウレンソウ（は種終）	ハクサイ（追肥始〜10／10）	トマト（7／1〜収穫終）
9月10日—9月15日	コマツナ（は種）。サラダナ（は種終）。タマネギ（育苗始〜10／15）。ラディッシュ（は種準備終）	夏まきニンジン（間引き・追肥）。ニラ（3年目・追肥始〜9／30）。カリフラワー、ブロッコリー（追肥・土寄せ始〜10／20）。芽キャベツ（支柱立・葉かき〜10／20。追肥始〜10／10）。	サツマイモ、トウガラシ（収穫始〜10／20）
9月15日—9月20日	ニンニク（定植準備始〜9／30）。サラダナ（育苗始〜9／30）	秋まきダイコン、カブ、コカブ（間引き・追肥・土寄せ始〜10／10）。ラディッシュ（間引き・追肥始〜10／10）。コマツナ（間引き・追肥〜10／20）。レタス（追肥）	ツマミナ（間引き始）
9月20日—9月25日	ツマミナ（用土作り終）。ラディッシュ（9／1〜は種終）	レタス（追肥）	パセリ（収穫始）
9月25日—9月30日	ニンニク（定植準備終、定植始〜10／10）。サラダナ（9／15〜育苗終）	夏まきニンジン（8／25〜間引き・追肥終）。シュンギク、ホウレンソウ（9／1〜間引き・追肥終）	ラディッシュ（収穫始〜11／20）。ズッキーニ（6／20〜収穫終）
10月1日—10月5日	サラダナ（定植始）。ニンニク（定植終）。ツマミナ（9／5〜は種終）		ニラ（3年目・秋刈り〜10／31）。ホウレンソウ、シュンギク（収穫始〜11／10）
10月5日—10月10日	イチゴ（苗選び、定植準備始）。サラダナ（定植終）。ニンニク（定植終）	秋まきダイコン、カブ、コカブ（9／15〜間引き・追肥・土寄せ終）。ラディッシュ（9／15〜間引き・追肥終）。ハクサイ（9／5〜追肥終）。ネギ（7／1〜土寄せ追肥終）	オクラ（7／15〜収穫終）。ゴーヤ（7／20〜収穫終）
10月10日—10月15日	イチゴ（定植準備終、定植）。タマネギ（9／10〜育苗終）。ソラマメ（は種準備始）	芽キャベツ（9／15〜追肥終）	サトイモ（収穫始〜11／20）
10月15日—10月20日	ソラマメ（は種準備終）	芽キャベツ（9／15〜支柱立・葉かき終）。コマツナ（9／15〜間引き追肥終）	秋まきダイコン（収穫始〜11／20）。レタス（収穫始〜11／10）。ナス、ピーマン（6／20〜収穫・追肥終）。サツマイモ（10月20日〜収穫終）
10月20日—10月25日	ソラマメ（は種始）。タマネギ（育苗準備〜11／5）	ニラ（根株づくり始〜1年半）	夏まきニンジン、夏まきキャベツ（収穫始〜11／20）。ゴボウ（収穫始〜11／30）。コマツナ（収穫始〜11／5）。ツマミナ（収穫始〜11／25）
10月25日—10月31日	ソラマメ（は種終）。ソラマメ（定植畑準備始）。タマネギ（10／5〜定植準備終）	パセリ（9／1〜間引き・追肥終）	ハクサイ（収穫始〜11／25）。ニラ（3年目・10／1〜秋刈り終）

期間			
11月1日—11月5日	ソラマメ（定植畑準備、出芽終）。タマネギ（定植準備終・定植～11／15）	カリフラワー（軟白始）	カリフラワー、ブロッコリー（収穫始～12／10）。サラダナ（収穫始～11／20）。コマツナ（10／20～収穫終）
11月5日—11月10日			カブ（収穫始～12／5）。レタス（10／15～収穫終）。ホウレンソウ、シュンギク（10／1～収穫終）
11月10日—11月15日	エンドウ（は種準備始）。ソラマメ（定植）。タマネギ（11／1～定植終）		芽キャベツ（収穫始～12／10）。サツマイモ（貯蔵始）
11月15日—11月20日	エンドウ（は種準備終）		ネギ（収穫始～12／10）。サトイモ（10／10～収穫終）。夏まきニンジン、夏まきキャベツ（10／20～収穫終）。秋まきダイコン（10／15～収穫終）。ラディッシュ（9／25～収穫終）。キャベツ（10／20～収穫終）。コカブ（収穫始～11／30）。サラダナ（11／1～収穫終）
11月20日—11月25日	エンドウ（は種始）。ソラマメ（出芽）	イチゴ（マルチング設置始）	ハクサイ（10／25～収穫終）。ツマミナ（9／15～間引き・収穫終）。サトイモ（貯蔵始～3／31）
11月25日—11月30日	エンドウ（は種終）。ソラマメ（出芽）	イチゴ（マルチング設置済ませる）	コカブ（11／15～収穫終）。ゴボウ（10／20～収穫終）
12月1日—12月5日			カブ（11／5～収穫終）
12月5日—12月10日			芽キャベツ（11／10～収穫終）
12月10日—12月15日			
12月15日—12月20日			パセリ（9／20～収穫終）。ネギ（11／15～収穫終）
3月1日—3月5日		タマネギ（追肥～3／25）	
3月10日—3月15日	ジャガイモ（種イモ準備始～3／20）	ソラマメ（追肥始）	
3月15日—3月20日		ソラマメ（追肥終、整枝始）。ニンニク（追肥中耕始）	
3月20日—3月25日	ニラ（は種準備）。ホウレンソウ（は種準備始、プランターは用土作り始）。春まきキャベツ（育苗準備始）	ソラマメ（整枝終）。エンドウ（間引き・追肥・土寄せ始）。タマネギ（追肥始～4／25、除草始～6／10）。イチゴ（摘葉・摘果～5／20）	
3月25日—3月31日	ホウレンソウ（は種準備終）。シソ、サラダナ（は種準備始）。ツマミナ（用土作り始）。ネギ（育苗準備始）。春まきキャベツ（は種始）	エンドウ（間引き・追肥・土寄せ終）	

北陸の野菜づくり掲載農薬一覧表

農薬の名称	農薬の種類	作物名又は適用場所	使用目的	病害虫・雑草名称	使用量 希釈倍数	使用量 使用液量	使用時期	本剤の使用回数	使用方法
アディオン乳剤	ペルメトリン乳剤	ばれいしょ		アブラムシ類	2000~3000倍	100~300ℓ/10a	収穫14日前まで	4回以内	散布
				テントウムシダマシ類					
		すいか		アブラムシ類	2000~3000倍	100~300ℓ/10a	収穫前日まで	5回以内	
アミスター20フロアブル	アゾキシストロビン水和剤	メロン		うどんこ病	2000倍	100~300ℓ/10a	収穫前日まで	4回以内	散布
				つる枯病					
				べと病					
		ブロッコリー		べと病	2000倍	100~300ℓ/10a	収穫3日前まで	3回以内	散布
				黒すす病					
		いちご		うどんこ病	1500~2000倍	100~300ℓ/10a	収穫前日まで	苗床：4回以内 本圃：3回以内	散布
				炭疽病	2000倍				
				灰色かび病	1500倍				
				うどんこ病	1500~2000倍		親株育成期	3回以内	散布
				炭疽病	2000倍				
				灰色かび病	1500倍				
		ばれいしょ		疫病	3000~4000倍	100~300ℓ/10a	収穫7日前まで	3回以内	散布
				夏疫病					
				銀か病	100倍	20ℓ/10a	植付時	1回	植溝内土壌散布
				黒あざ病	500倍	—	植付前		種いも瞬間浸漬
					100倍	10~20ℓ/10a	植付時		植溝内土壌散布
					100~200倍	20ℓ/10a			
アルバリン顆粒水溶剤	ジノテフラン水和剤	トマト		カメムシ類	2000倍	100~300ℓ/10a	収穫前日まで	2回以内	散布
				コナジラミ類	2000~3000倍				
					100倍	セル成型育苗トレイ1箱またはペーパーポット1冊(30×60cm・使用土壌約1.5~4.0ℓ)当り0.5ℓ	鉢上時又は定植時	1回	潅注
		ピーマン		コナジラミ類	2000~3000倍	100~300ℓ/10a	収穫前日まで	2回以内	散布
				アブラムシ類	3000倍				
				アザミウマ類	2000倍				
				カメムシ類					
		なす		コナジラミ類	2000~3000倍	100~300ℓ/10a	収穫前日まで	2回以内	散布
				アブラムシ類	3000倍				
				アザミウマ類	2000倍				
				カメムシ類					
		きゅうり		コナジラミ類	2000~3000倍	100~300ℓ/10a	収穫前日まで	2回以内	散布
				アブラムシ類					
				アザミウマ類	2000倍				
				ウリハムシ					
				カメムシ類					

アルバリン粒剤	ジノテフラン粒剤	メロン		ハモグリバエ類	2g/株	育苗期	1回	株元散布
				コナジラミ類	1~2g/株			
				アブラムシ類	1g/株			
				ハモグリバエ類	2g/株	定植時		植穴土壌混和
				アザミウマ類				
				コナジラミ類	1~2g/株			
				アブラムシ類	1g/株			
		とうがらし類		アブラムシ類	1g/株	育苗期	1回	株元散布
				コナジラミ類				
				アザミウマ類	1~2g/株	定植時		植穴土壌混和
				アブラムシ類	1g/株			
				アブラムシ類	1g/株	生育期 但し、収穫14日前まで		株元散布
		ねぎ		アザミウマ類	6kg/10a	は種時	1回	播溝土壌混和
				ハモグリバエ類				
				アザミウマ類		定植時		株元散布
				ハモグリバエ類				
				アザミウマ類		生育期 但し、収穫3日前まで	2回以内	株元散布
				ハモグリバエ類	6~9kg/10a			
オルトラン粒剤	アセフェート粒剤	キャベツ		アブラムシ類	6g/m²	育苗期	1回	散布
				ヨトウムシ	3~6kg/10a(1~2g/株)	定植時		植穴処理
				コナガ				
				アオムシ				
				アザミウマ類	6kg/10a(2g/株)			
		トマト		オンシツコナジラミ	3~6kg/10a(1~2g/株)	定植時	1回	作条散布又は植穴処理
				アブラムシ類				
		きゅうり		オンシツコナジラミ	3~6kg/10a(1~2g/株)	定植時	1回	作条散布又は植穴処理
				アザミウマ類				
				アブラムシ類				
		なす		オンシツコナジラミ	3~6kg/10a(1~2g/株)	定植時	1回	作条散布又は植穴処理
				アザミウマ類				
				アブラムシ類				
		ピーマン		アブラムシ類	2g/株	定植時	1回	株元散布
		はくさい		アオムシ	3~6kg/10a(1~2g/株)	定植時	1回	植穴処理
				アブラムシ類				
				ヨトウムシ				
				コナガ				
		ブロッコリー		アザミウマ類	6kg/10a(2g/株)	定植時	1回	株元散布
				ヨトウムシ				

農薬の名称	農薬の種類	作物名又は適用場所	使用目的	病害虫・雑草名称	使用量 希釈倍数	使用量 使用液量	使用時期	本剤の使用回数	使用方法
カネマイトフロアブル	アセキノシル水和剤	なす		チャノホコリダニ	1000倍	150～300ℓ/10a	収穫前日まで	1回	散布
		いちご		ハダニ類	1000～1500倍	150～300ℓ/10a	収穫前日まで	1回	散布
		きゅうり		ハダニ類	1000～1500倍	150～300ℓ/10a	収穫前日まで	1回	散布
		やまのいも		ハダニ類	1000～1500倍	150～300ℓ/10a	収穫3日前まで	1回	散布
		メロン		ハダニ類	1000～1500倍	150～300ℓ/10a	収穫前日まで	1回	散布
		すいか		ハダニ類	1000～1500倍	150～300ℓ/10a	収穫前日まで	1回	散布
		かぼちゃ		ハダニ類	1000倍	150～300ℓ/10a	収穫7日前まで	1回	散布
		ピーマン		チャノホコリダニ ハダニ類	1000倍	150～300ℓ/10a	収穫前日まで	1回	散布
		しそ		カンザワハダニ	1500倍	150～300ℓ/10a	収穫21日前まで	1回	散布
カンタスドライフロアブル	ボスカリド水和剤	いちご		灰色かび病	1000～1500倍	100～300ℓ/10a	収穫前日まで	3回以内	散布
キノンドー水和剤40	有機銅水和剤	メロン		べと病	800～1000倍	100～300ℓ/10a	収穫10日前まで	5回以内	散布
				炭疽病	800～1000倍	100～300ℓ/10a	収穫10日前まで	5回以内	散布
				斑点細菌病	600～800倍	100～300ℓ/10a	収穫10日前まで	5回以内	散布
				果実汚斑細菌病	800倍	100～300ℓ/10a	収穫10日前まで	5回以内	散布
		ブロッコリー		黒腐病 黒斑細菌病	800倍	100～300ℓ/10a	収穫14日前まで	3回以内	散布
コロマイト乳剤	ミルベメクチン乳剤	なす		ハダニ類 ハモグリバエ類 コナジラミ類 チャノホコリダニ	1500倍	100～300ℓ/10a	収穫前日まで	2回以内	散布
スターマイトフロアブル	シエノピラフェン水和剤	いちご		ハダニ類 シクラメンホコリダニ	2000倍	100～300ℓ/10a	収穫前日まで	2回以内	散布
		メロン		ハダニ類	2000倍	100～300ℓ/10a	収穫前日まで	1回	散布
		なす		ハダニ類 チャノホコリダニ	2000倍	100～300ℓ/10a	収穫前日まで	1回	散布
スミチオン乳剤	MEP乳剤	とうもろこし		アワノメイガ カメムシ類	1000倍	100～300ℓ/10a	収穫7日前まで	4回以内	散布
ダイアジノン粒剤5	ダイアジノン粒剤	かんしょ		コガネムシ類幼虫	4～6kg/10a		収穫30日前まで	3回以内	作付前：全面土壌混和又は作条土壌混和 作物生育中：作条処理して軽く覆土
				ケラ ネキリムシ類	4～6kg/10a		植付前	1回	全面土壌混和又は作条土壌混和
		ばれいしょ		ケラ ネキリムシ類	4～6kg/10a		植付前	1回	全面土壌混和又は作条土壌混和
		カリフラワー		コガネムシ類幼虫	4～6kg/10a		収穫30日前まで	2回以内	作付前：全面土壌混和又は作条土壌混和 作物生育中：作条処理して軽く覆土
				ケラ ネキリムシ類	4～6kg/10a		は種時又は定植時	2回以内	全面土壌混和又は作条土壌混和
				ネキリムシ類	6kg/10a		定植時	1回	土壌表面散布

薬剤名	作物名	適用病害虫名	希釈倍数・使用量	使用液量	使用時期	使用回数	使用方法
	レタス	ネキリムシ類	6kg/10a		は種時又は定植時	2回以内	土壌表面散布
		ケラ ネキリムシ類 コガネムシ類幼虫	4～6kg/10a				全面土壌混和又は作条土壌混和
	非結球レタス	ケラ ネキリムシ類 コガネムシ類幼虫	6kg/10a		は種時又は定植時	2回以内	全面土壌混和又は作条土壌混和
	たまねぎ	コガネムシ類幼虫	4～6kg/10a		収穫30日前まで	2回以内	作付前：全面土壌混和又は作条土壌混和 作物生育中：作条処理して軽く覆土
		タネバエ タマネギバエ ケラ コオロギ	3～5kg/10a		は種時又は定植時		
	すいか	コガネムシ類幼虫	4～6kg/10a		収穫14日前まで	4回以内	作付前：全面土壌混和又は作条土壌混和 作物生育中：作条処理して軽く覆土
		ケラ ネキリムシ類			は種時又は定植時	2回以内	全面土壌混和又は作条土壌混和
	メロン	コガネムシ類幼虫	4～6kg/10a		収穫14日前まで	4回以内	作付前：全面土壌混和又は作条土壌混和 作物生育中：作条処理して軽く覆土
		ケラ ネキリムシ類			は種時又は定植時	2回以内	全面土壌混和又は作条土壌混和
	かぼちゃ	ケラ ネキリムシ類	4～6kg/10a		は種時又は定植時	2回以内	全面土壌混和又は作条土壌混和
		コガネムシ類幼虫			収穫21日前まで	4回以内	作付前：全面土壌混和又は作条土壌混和 作物生育中：作条処理して軽く覆土
	未成熟とうもろこし	アワノメイガ	4～6kg/10a		収穫14日前まで	2回以内	散布
		ネキリムシ類	6kg/10a		出芽時	1回	土壌表面散布
	とうもろこし（子実）	アワノメイガ	4～6kg/10a		収穫60日前まで	2回以内	散布
		ネキリムシ類	6kg/10a		出芽時	1回	土壌表面散布
ダコニール1000 TPN水和剤	ばれいしょ	疫病	500～1000倍	100～300ℓ/10a	収穫7日前まで	5回以内	散布
		夏疫病	1000倍				
	きゅうり	べと病 炭疽病 うどんこ病 灰色かび病 黒星病 褐斑病	1000倍	100～300ℓ/10a	収穫前日まで	8回以内	散布
		苗立枯病（リゾクトニア菌）		3ℓ/㎡	は種時又は活着後但し、定植14日後まで	2回以内	土壌潅注
	メロン	うどんこ病	700倍	100～300ℓ/10a	収穫3日前まで	5回以内	散布
		べと病	700～1000倍				
		つる枯病	1000倍				

農薬の名称	農薬の種類	作物名又は適用場所	使用目的	病害虫・雑草名称	使用量 希釈倍数	使用量 使用液量	使用時期	本剤の使用回数	使用方法
ダコニール1000	TPN水和剤	すいか		炭疽病	700倍	100～300ℓ/10a	収穫3日前まで	5回以内	散布
				つる枯病	700～1000倍				
		トマト		疫病 輪紋病 葉かび病 炭疽病 灰色かび病 すすかび病 うどんこ病	1000倍	100～300ℓ/10a	収穫前日まで	4回以内	散布
				苗立枯病（リゾクトニア菌）		3ℓ/㎡	は種時又は活着後但し、定植14日後まで	2回以内	土壌潅注
		なす		黒枯病 灰色かび病 すすかび病 うどんこ病	1000倍	100～300ℓ/10a	収穫前日まで	4回以内	散布
		たまねぎ		べと病 灰色かび病 白色疫病	1000倍	100～300ℓ/10a	収穫7日前まで	6回以内	散布
トクチオン細粒剤F	プロチオホス粉粒剤	ニラ		ネダニ類	6～9kg/10a		定植時	1回	全面土壌混和又は植溝土壌混和
トップジンM水和剤	チオファネートメチル水和剤	メロン		つる枯病 陥没病	1500～2000倍	100～300ℓ/10a	収穫前日まで	3回以内	散布
トマトトーン	4-CPA液剤	トマト	着果促進、果実の肥大促進、熟期の促進		低温時（20℃以下）50倍 高温時（20℃以上）100倍		開花前3日～開花後3日位（1花房で3～5花位開花した時期）	1花房につき1回	散布
		ミニトマト			低温時（20℃以下）50倍 高温時（20℃以上）100倍		開花前3日～開花後3日位	1花につき1回	
		なす			50倍		開花当日	1花房につき1回	
トレボン乳剤	エトフェンプロックス乳剤	とうもろこし		アワノメイガ アワヨトウ	1000倍	100～300ℓ/10a	収穫7日前まで	4回以内	散布
		さといも		ハスモンヨトウ	1000倍	100～300ℓ/10a	収穫14日前まで	3回以内	散布
		えだまめ		マメシンクイガ シロイチモジマダラメイガ ダイズサヤタマバエ カメムシ類 フタスジヒメハムシ ウコンノメイガ ツメクサガ	1000倍	100～300ℓ/10a	収穫14日前まで	2回以内	散布
				ハスモンヨトウ	1000～2000倍				

ネビジン粉剤	フルスルファミド粉剤	キャベツ		菌核病	30kg／10a		定植前	2回以内	全面土壌混和
				根こぶ病	20〜30kg／10a		は種又は定植前		
					20kg／10a				作条土壌混和
		はくさい		根こぶ病	20〜30kg／10a		は種又は定植前	1回	全面土壌混和
					20kg／10a				作条土壌混和
		ブロッコリー		根こぶ病	20〜30kg／10a		は種又は定植前	1回	全面土壌混和
					20kg／10a				作条土壌混和
		カリフラワー		根こぶ病	20〜30kg／10a		は種又は定植前	1回	全面土壌混和
					20kg／10a				作条土壌混和
バスタ液剤	グルホシネート液剤	かんしょ		一年生雑草	200〜500mℓ／10a	100〜500ℓ／10a	収穫14日前まで（雑草生育期挿苗前又は畦間処理）	2回以内	雑草茎葉散布
フォース粒剤	テフルトリン粒剤	ネギ		ネキリムシ類	4〜9kg／10a		定植時	1回	作条土壌混和
				ネダニ類	9kg／10a				
				クロバネキノコバエ類					
フロンサイド粉剤	フルアジナム粉剤	メキャベツ		根こぶ病	30〜40kg／10a		は種又は定植前	1回	全面土壌混和
ベルクートフロアブル	イミノクタジンアルベシル酸塩水和剤	いちご		炭疽病	1000倍	100〜300ℓ／10a	育苗期（定植前）	5回以内	散布
				うどんこ病					
				輪斑病					
				うどんこ病	2000〜4000倍		収穫前日まで（生育期）		
				灰色かび病	2000倍				
				黒斑病					
				炭疽病					
		きゅうり		灰色かび病	2000倍	100〜300ℓ／10a	収穫前日まで	7回以内	散布
				うどんこ病					
				褐斑病					
				炭疽病					
				菌核病					
				黒星病					
		メロン		うどんこ病	1000倍	100〜300ℓ／10a	収穫前日まで	5回以内	散布
				菌核病					
				つる枯病					
ベンレートT水和剤	チウラム・ベノミル水和剤	にんにく		黒腐菌核病	種球重量の0.5〜1％		植付前	1回	種球粉衣（湿粉衣）
				イモグサレセンチュウ	種球重量の1％				
マラソン乳剤	マラソン乳剤	メロン		ハダニ類	2000〜3000倍	100〜300ℓ／10a	収穫前日まで	3回以内	散布
				アブラムシ類					
				ウリハムシ	1000倍				
		トマト		ハダニ類	2000〜3000倍	100〜300ℓ／10a	収穫前日まで	5回以内	散布
				アブラムシ類					
		ピーマン		ハダニ類	2000〜3000倍	100〜300ℓ／10a	収穫前日まで	5回以内	散布
				アブラムシ類					

農薬の名称	農薬の種類	作物名又は適用場所	使用目的	病害虫・雑草名称	使用量 希釈倍数	使用量 使用液量	使用時期	本剤の使用回数	使用方法
マラソン乳剤	マラソン乳剤	ブロッコリー		アブラムシ類	2000倍~3000倍	100~300ℓ/10a	収穫3日前まで	5回以内	散布
				アザミウマ類					
				カブラハバチ	1000倍				
				アオムシ					
		かぶ		アブラムシ類	2000倍~3000倍	100~300ℓ/10a	収穫14日前まで	4回以内	散布
				ナモグリバエ	1000倍				
				カブラハバチ					
				アオムシ					
ユニフォーム粒剤	アゾキシストロビン・メタラキシルM粒剤	ピーマン		疫病	3g/株	／	収穫前日まで	3回以内	株元散布
ランマンフロアブル	シアゾファミド水和剤	かぶ		べと病	2000倍	100~300ℓ/10a	収穫3日前まで	3回以内	散布
				白さび病					
				根こぶ病		2ℓ/㎡	は種時	1回	潅注

有害動物防除剤

農薬の名称	農薬の種類	作物名	適用場所	病害虫・雑草名称	使用量 希釈倍数	使用量 使用液量	使用時期	本剤の使用回数	使用方法
Z・P	リン化亜鉛粒剤	野ソが加害する農作物等	農地	野ソ	30～500g/10a				定点配置、ソ穴投入、バラ撒き等をする
スラゴ	燐酸第二鉄粒剤	ナメクジ類、カタツムリ類、アフリカマイマイ、ヒメリンゴマイマイが加害する農作物等	温室、ハウス、圃場、花壇	ナメクジ類	1～5g/㎡		発生時		ナメクジ類、カタツムリ類、アフリカマイマイ及びヒメリンゴマイマイの発生あるいは加害を受けた場所又は株元に配置
				カタツムシ類	1～5g/㎡				
				アフリカマイマイ	3～5g/㎡				
				ヒメリンゴマイマイ	5g/㎡				
ヤソヂオン	ダイファシン系粒剤	野ソが加害する農作物等	農地	野ソ	200～300g/10a				1．手まきによる防除 a)本剤10～20gをそのまま、あるいは10～20gの小袋詰をソ穴に投入するか、野ソの通路に配置する。又、休耕地等は10m×10mの格子状に本剤をそのまま、あるいは10～30gの小袋詰を1個所20～30gの割合で適宜配置する。
									1．手まきによる防除 b)本剤5gをそのまま、あるいは5gの小袋詰をソ穴に投入するか野ソの通路に配置する。又、果樹園、桑園等は5m×5m又は4m×4mの格子状に1個所に本剤5gをそのまま、あるいは5gの小袋詰を1袋配置する。

※この一覧表の農薬登録情報は、2019年2月13日に農林水産消費安全技術センターホームページよりダウンロードしたものを掲載しています。

※農薬をご使用の際には、ラベルをよくご確認のうえ、表示にしたがってご使用ください。

あとがき

近年の最新技術のうち、農業をとりまくものにバイオテクノロジーがあります。遺伝子の組み換えによる新作物やクローン家畜の出現など目を見張ることが起きています。

また、品種改良や施設園芸、輸送手段の発達により、世界中の野菜が一年中、いつでも食べられています。

しかし、野菜のルーツは山野菜です。「ノゼリ」が「セリ」に、「ノブキ」が「フキ」になったように、その土地に自生していた植物を利用してきました。日本の国の特徴は四季がはっきりしており温暖で南北に長く海に囲まれていることにあります。そこには数多くの植物がそれぞれの土地で、その季節その季節に精いっぱいのエネルギーで育っています。

「春は芽のもの、夏は葉のもの、秋は実のもの、冬は根のもの」

この言葉が野菜作りのすべてを物語っています。言い換えればやさしい野菜作りは「適地適作」「適期適作」につきるといえます。これがこの本をまとめるにあたり、私の一貫した考え方です。

終わりにこの本を出版するに当たり、多くの方々からご援助をいただきました。ここにあらためてお礼を申し上げます。

参考図書

ほくりくの家庭菜園　北陸野菜技術研究会
平成15年版 石川の野菜園芸指針　石川県野菜園芸協会
食べてみまっし加賀野菜　北陸農政局金沢統計情報出張所
平成28年度版 農作物病害虫雑草防除指針　（社）石川県植物防疫協会
失敗しない野菜作り入門　主婦の友社
野菜　伊東正他6名　実教出版
家庭でつくる野菜図鑑　日本放送出版協会
野菜の自然流栽培　古賀綱行　農文協
2014年版 園芸新知識タキイ最前線　タキイ種苗株式会社
2013年版 野菜特集　株式会社サカタのタネ
野菜のビックリ教室　井原豊　農文協

著者プロフィール

東　保之（ひがし・やすゆき）

昭和18年5月30日石川県鳥越村（現白山市）生まれ。金沢大学教育学部卒。昭和41年から内尾中、昭和43年から松任農業高校（現翠星高校）に勤める。専門分野は野菜（草花、栽培環境等）。平成12年から2年間、ＮＨＫ金沢放送局の「園芸塾」の講師も務め分かりやすさで人気を博した。現在、加賀野菜保存懇話会会員。JA能美園芸アドバイザー。石川県白山市在住。

【野菜の研究、普及】

トマトの密植栽培について
夏どりレタスの栽培について
春まきカリフラワーの栽培について
春まきブロッコリーの栽培について
初秋どりカリフラワーの栽培について
アムスメロンの栽培について
中国野菜の栽培について
簡易雨よけハウスの作成と普及について

【園芸教室等の講師】

金沢市田上農協、金沢市中央農協、金沢市ことぶき大学、辰口西部公民館、辰口南部公民館、辰口東部公民館、山中町栢野地区、小松市農政課、サンライフ松任、松任市花と緑のフェスティバル、県種苗協会、食とみどり・水を守る全国集会パネラー、鶴来町白寿会、味噌蔵町公民館、美川町公民館、津幡町農林課、小松市下八里町公民館、白山市いきいき健康課、松任壮年会、松任婦人会、白峰公民館、河内公民館、鳥越公民館、宮保公民館、内川公民館、笠間壮年会、金沢中央公民館、金大・角間の里「子ども農業体験学校」、ステビア農法石川支部、松下種苗友の会、2007白山森作り学校、一歩一歩楽園、JA白山野菜講座、JA能美園芸講座、城南公民館、JA加賀女性部、松任ロータリークラブ、JA羽咋、JA加賀、金沢農業大学校、金沢市農業センター、能美ライオンズクラブ

【著書】

「北陸の花づくり」（北國新聞社）
科目「生物活用」　（農文協）

【主な執筆歴】

「うずもれつつある野菜に光を」（富研協会）
「農家日誌」（農文協）
「野菜の達人」（北國新聞社）
「花のある暮し」（北國新聞社）

新訂版 北陸の野菜づくり

2000年４月20日　第１版第１刷発行
2019年４月７日　新訂版第１刷発行
2022年４月30日　　　　　第２刷発行

著　者　東　保之
発　行　北國新聞社
〒920-8588　金沢市南町2番1号
TEL　076-260-3587（出版局直通）
FAX　076-260-3423
E-mail　syuppan@hokkoku.co.jp

ISBN978-4-8330-2163-0